C语言程序设计与实验指导

（第2版）

主　编　侯清兰　倪　倩
副主编　冯志杰　李正芳　李德云
　　　　穆若金　张玉珍　刘春强

北京理工大学出版社
BEIJING INSTITUTE OF TECHNOLOGY PRESS

内 容 简 介

本书较为全面地介绍了 C 语言程序设计的基本语法、程序设计的基本思想及传统的结构化程序设计的一般方法；介绍了 C 语言程序设计实验。本书共分 11 章，第 1~10 章为 C 语言程序设计篇，第 11 章为实验篇。

本书结构清晰、内容详实、深入浅出、注重实用、易学易用，可作为高等院校工科专业的教材使用，也可供从事计算机技术的工程技术人员学习参考。

版权专有　侵权必究

图书在版编目（CIP）数据

C 语言程序设计与实验指导 / 侯清兰，倪倩主编. —2 版. —北京：北京理工大学出版社，2016.8（2020.7 重印）

ISBN 978-7-5682-2938-8

Ⅰ. ①C… Ⅱ. ①侯… ②倪… Ⅲ. ①C 语言–程序设计–高等学校–教材 Ⅳ. ①TP312.8

中国版本图书馆 CIP 数据核字（2016）第 201646 号

出版发行 /	北京理工大学出版社有限责任公司
社　　址 /	北京市海淀区中关村南大街 5 号
邮　　编 /	100081
电　　话 /	（010）68914775（总编室）
	（010）82562903（教材售后服务热线）
	（010）68948351（其他图书服务热线）
网　　址 /	http://www.bitpress.com.cn
经　　销 /	全国各地新华书店
印　　刷 /	三河市天利华印刷装订有限公司
开　　本 /	787 毫米×1092 毫米　1/16
印　　张 /	15
字　　数 /	355 千字
版　　次 /	2016 年 8 月第 2 版　2020 年 7 月第 4 次印刷
定　　价 /	33.80 元

责任编辑 / 高　芳
文案编辑 / 高　芳
责任校对 / 周瑞红
责任印制 / 李志强

图书出现印装质量问题，请拨打售后服务热线，本社负责调换

前　言

"C语言程序设计与实验指导"是计算机及相关专业的专业基础课程之一，C语言简洁高效、结构丰富，是良好的结构化语言，可移植性强，生成代码质量高，既可以用来编写系统软件，也可以用来编写应用软件，是工科学生学习计算机语言的首选课程，也是学习其他高级语言的基础。该课程在我校已开设多年，积累了较丰富的教学经验。2010年该课程被评为青岛滨海学院校级精品课程，2012年该课程被评为山东省省级精品课程。

通过本课程的学习，学生可以掌握C语言的基本语法、程序设计的基本思想及传统的结构化程序设计的一般方法。以C为语言基础，培养学生严谨的程序设计思想、灵活的思维方式及较强的动手能力，并以此为基础，逐渐掌握复杂软件的设计和开发手段，为后续专业课程的学习打下扎实的理论和实践基础。

本教材根据教育部考试中心制定的《全国计算机等级考试大纲》对二级C语言的考试范围要求，组织有多年C语言教学经验的老师编写而成。本教材主要分两部分：第一部分是C语言程序设计，包括C语言的各种数据类型、运算符、各种表达式、语句结构、函数、指针、结构体和共同体、文件等内容；第二部分为C语言程序设计实验，包括14个实验。本教材内容精炼、体系合理、逻辑性强、例题和习题丰富、讲解通俗易懂，理论与实践相结合，既可以作为高等院校工科专业的教材，也可以作为相关工作人员的自学教材使用。

本书第一版已试用三年，因计算机科学技术的发展和教学实践的需求，课程组对原书进行修订，现出版第二版。课程组希望尽己所能力求最佳，但毕竟水平和精力有限，最终的书稿中肯定存在一些不妥甚至错误之处，敬请广大读者批评指正。

编　者

CONTENTS 目录

第1章 C语言程序设计基础 (1)
  1.1 简单C语言程序的构成和格式 (1)
  1.2 C语言的特点 (2)
  练习题 (3)

第2章 数据类型与运算 (5)
  2.1 常量与变量 (5)
    2.1.1 常量与符号常量 (5)
    2.1.2 变量 (6)
  2.2 整型数据 (7)
    2.2.1 整型常量 (7)
    2.2.2 整型变量 (8)
    2.2.3 整型数据的分类 (9)
  2.3 实型数据 (9)
    2.3.1 实型常量 (9)
    2.3.2 实型变量 (10)
  2.4 字符型数据 (10)
    2.4.1 字符常量 (10)
    2.4.2 字符变量 (11)
  2.5 各种数据类型间的混合运算 (12)
  2.6 算数运算符和算数表达式 (13)
    2.6.1 基本算术运算符和算术表达式 (13)
    2.6.2 算术运算符的优先级和结合性 (13)
    2.6.3 强制类型转换运算符 (14)
    2.6.4 自加、自减运算符 (14)
  2.7 赋值运算符和赋值表达式 (14)
    2.7.1 赋值运算符和赋值表达式 (14)
    2.7.2 复合的赋值运算符 (15)
    2.7.3 赋值运算中的类型转换 (15)
  2.8 关系运算和逻辑运算 (16)
    2.8.1 关系运算符和关系表达式 (16)

2.8.2 逻辑运算符和逻辑表达式 (16)
2.9 逗号运算符和逗号表达式 (18)
2.10 位运算 (18)
练习题 (19)

第3章 顺序结构 (23)
3.1 C 语句概述 (23)
3.2 数据的输入/输出格式 (24)
    3.2.1 printf 函数 (25)
    3.2.2 scanf 函数 (28)
3.3 字符数据输入/输出 (30)
    3.3.1 putchar 函数 (30)
    3.3.2 getchar 函数 (31)
3.4 程序举例 (31)
练习题 (33)

第4章 选择结构 (40)
4.1 if 语句 (40)
    4.1.1 if 语句的 3 种基本形式 (40)
    4.1.2 嵌套的 if 语句 (44)
4.2 switch 语句 (45)
4.3 条件运算符和条件表达式 (48)
练习题 (50)

第5章 循环结构 (55)
5.1 用 while 语句构成循环 (55)
5.2 用 do-while 语句构成循环 (58)
5.3 用 for 语句构成循环 (60)
5.4 循环的嵌套 (63)
5.5 break 语句和 continue 语句 (65)
    5.5.1 break 语句 (65)
    5.5.2 continue 语句 (67)
练习题 (68)

第6章 数组与字符串 (73)
6.1 一维数组 (73)
6.2 二维数组 (76)
6.3 字符数组 (79)
    6.3.1 字符数组的定义和初始化 (79)
    6.3.2 字符数组的输入和输出 (79)
6.4 字符串处理函数 (81)
练习题 (83)

第7章 函数 (88)
7.1 函数的定义和返回值 (88)

7.2 函数的调用 (89)
    7.2.1 函数调用的形式 (89)
    7.2.2 对被调用函数的说明 (90)
    7.2.3 函数间变量作参数的传递 (91)
    7.2.4 函数的嵌套调用和递归调用 (94)
7.3 函数间数组做参数的传递 (94)
    7.3.1 数组元素作函数实参 (94)
    7.3.2 数组名作函数实参 (95)
7.4 局部变量和全局变量 (98)
    7.4.1 局部变量 (98)
    7.4.2 全局变量 (99)
7.5 变量的存储类别 (100)
    7.5.1 局部变量的存储类别 (101)
    7.5.2 全局变量的存储类别 (102)
7.6 编译预处理 (104)
    7.6.1 宏定义和调用 (104)
    7.6.2 文件包含 (105)
练习题 (105)

第8章 指针 (114)

8.1 指针和指针变量的概念 (114)
8.2 用指针访问变量 (115)
    8.2.1 指针变量的定义、赋值 (115)
    8.2.2 指针变量的引用 (115)
8.3 数组与指针 (117)
    8.3.1 一维数组与指针 (117)
    8.3.2 二维数组与指针 (118)
8.4 字符串与指针 (119)
8.5 指针作函数参数 (121)
    8.5.1 指针变量作函数参数 (121)
    8.5.2 数组名作函数参数 (122)
    8.5.3 字符指针作函数参数 (123)
8.6 返回指针值的函数 (125)
8.7 指针数组和指向指针的指针 (126)
    8.7.1 指针数组 (126)
    8.7.2 指向指针的指针 (126)
8.8 函数的进一步讨论 (127)
    8.8.1 main( )函数的参数 (127)
    8.8.2 指向函数指针变量的定义 (128)
练习题 (128)

第9章 结构体与共用体 (133)

- 9.1 用 typedef 定义新类型 (133)
- 9.2 结构体类型 (134)
  - 9.2.1 结构体类型的定义 (134)
  - 9.2.2 结构体变量定义、成员引用和初始化 (135)
  - 9.2.3 结构体数组的定义、初始化和引用举例 (139)
  - 9.2.4 结构体指针变量 (141)
  - 9.2.5 结构体在函数内的传递 (143)
  - 9.2.6 用结构体构成链表 (147)
- 9.3 共用体类型 (150)
  - 9.3.1 共用体变量的定义 (150)
  - 9.3.2 共用体变量的成员引用 (151)
  - 9.3.3 共用体类型数据的特点 (151)
- 练习题 (152)

第10章 文件 (157)

- 10.1 C 语言文件的概念 (157)
- 10.2 文件类型指针 (157)
- 10.3 文件的打开和关闭 (158)
  - 10.3.1 文件的打开（fopen 函数） (158)
  - 10.3.2 文件的关闭（fclose 函数） (159)
- 10.4 文件的读/写 (160)
  - 10.4.1 fgetc 函数和 fputc 函数 (160)
  - 10.4.2 fgets 函数和 fputs 函数 (161)
  - 10.4.3 fread 函数和 fwrite 函数 (162)
  - 10.4.4 fscanf 和 fprintf 函数 (163)
- 10.5 文件的定位与检测 (165)
  - 10.5.1 文件的定位 (165)
  - 10.5.2 文件的检测函数 (166)
- 练习题 (167)

第11章 C语言上机指导 (169)

- 11.1 实验1：熟悉 C 语言的运行环境 (169)
  - 实验目的 (169)
  - 实验内容 (169)
- 11.2 实验2：数据类型和运算符的运用 (172)
  - 实验目的 (172)
  - 实验内容 (172)
- 11.3 实验3：格式输入/输出 (174)
  - 实验目的 (174)
  - 实验内容 (175)
- 11.4 实验4：选择语句的应用 (177)

　　　　实验目的 …………………………………………………………………………… (177)
　　　　实验内容 …………………………………………………………………………… (177)
　11.5　实验 5：while 和 do...while 语句的应用 ……………………………………………… (181)
　　　　实验目的 …………………………………………………………………………… (181)
　　　　实验内容 …………………………………………………………………………… (181)
　11.6　实验 6：for 语句和嵌套循环语句的应用 ……………………………………………… (184)
　　　　实验目的 …………………………………………………………………………… (184)
　　　　实验内容 …………………………………………………………………………… (184)
　11.7　实验 7：一维数组的应用 ………………………………………………………………… (187)
　　　　实验目的 …………………………………………………………………………… (187)
　　　　实验内容 …………………………………………………………………………… (187)
　11.8　实验 8：二维数组的应用 ………………………………………………………………… (191)
　　　　实验目的 …………………………………………………………………………… (191)
　　　　实验内容 …………………………………………………………………………… (191)
　11.9　实验 9：字符数组的应用 ………………………………………………………………… (195)
　　　　实验目的 …………………………………………………………………………… (195)
　　　　实验内容 …………………………………………………………………………… (195)
　11.10　实验 10：函数的定义和调用 …………………………………………………………… (198)
　　　　实验目的 …………………………………………………………………………… (198)
　　　　实验内容 …………………………………………………………………………… (198)
　11.11　实验 11：数组作为函数参数 …………………………………………………………… (201)
　　　　实验目的 …………………………………………………………………………… (201)
　　　　实验内容 …………………………………………………………………………… (201)
　11.12　实验 12：指针变量的定义、数组和指针 ……………………………………………… (206)
　　　　实验目的 …………………………………………………………………………… (206)
　　　　实验内容 …………………………………………………………………………… (206)
　11.13　实验 13：结构体的应用 ………………………………………………………………… (209)
　　　　实验目的 …………………………………………………………………………… (209)
　　　　实验内容 …………………………………………………………………………… (210)
　11.14　实验 14：综合练习 ……………………………………………………………………… (212)
　　　　实验目的 …………………………………………………………………………… (212)
　　　　实验内容 …………………………………………………………………………… (213)
附录 1　C 语言中的关键字 …………………………………………………………………………… (217)
附录 2　C 语言中的运算符及优先级 ………………………………………………………………… (218)
附录 3　常用字符与 ASCⅡ 码对照表 ………………………………………………………………… (220)
附录 4　库函数 ………………………………………………………………………………………… (221)

第1章　C语言程序设计基础

学习C语言程序的构成和格式，了解C语言的特点。

- 掌握C语言程序的构成和格式。
- 了解C语言的特点。

1.1　简单C语言程序的构成和格式

为了解C语言程序的构成和编写格式，下面先看两个简单的例子。

例1.1　在屏幕上显示"This is a C Program"。

```
#include <stdio.h>                           /*stdio.h 是标准输入/输出头文件*/
void main()                                  /*main 是C语言的主函数*/
{                                            /*用花括号"{ }"括来的部分为函数体*/
    printf("This is a C Program");           /*printf 是格式输出函数*/
}
```

执行以上程序后的输出结果为：

This is a C Program

例1.2　求矩形的面积。

程序如下：

```
#include <stdio.h>
void main()
{
    float a,b,area;
    a=1.2;                                   /*将矩形的两条边长分别赋给a和b*/
```

```
        b=3.6;
        area=a*b;                          /*计算矩形的面积并存储到变量 area 中*/
        printf("a=%f,b=%f,area=%f\n" ,a,b,area);      /*输出矩形的边长和面积*/
    }
```

执行以上程序后的输出结果为：
a=1.200000,b=3.600000,area=4.320000

以上两个程序都是完整的 C 语言程序，在代码编写完成之后，生成源程序文件，后缀名为.c。需要经过编译、连接、执行三个步骤才可看到程序结果。编译是将高级程序设计语言编写的源程序翻译成二进制形式的"目标程序"，后缀名为.obj。连接是将该目标程序与系统的函数库以及其他目标程序连接起来，形成可执行的程序，后缀名为.exe。最后就是执行上述两个步骤生成的可执行程序，将结果输出到屏幕上。

程序中的#include <stdio.h>通常称为命令行，是一条编译预处理命令，它的作用是通知 C 语言编译系统在程序进行正式编译之前应该做一些预处理工作。

stdio.h 是系统提供的头文件，该文件中包含着有关输入/输出函数的说明信息。

main 是主函数名。C 语言规定必须用 main 作为主函数名，是程序的"入口"，main()是程序执行的第一条语句。注意：在 C 程序中，主函数必须有且只能有一个，但可以包含任意多个不同名的函数。主函数可以放在整个 C 程序中的任何位置，但 C 程序的执行始终是从 main 函数开始的。一个函数名后面必须跟一对圆括号。

{ }括起来的部分称为函数体。函数体内部包括说明部分和执行部分。

int 和 float 是 C 程序的数据类型。这两个关键字的作用是向计算机系统提出请求，定义整型变量和浮点型变量，同时申请在内存中占用相应的内存空间。

printf()是格式输出函数，它是系统的库函数（又称为标准函数）。这些库函数由系统开发商事先编写好并存放在系统文件中，该函数的作用是在屏幕光标的位置上输出数据。

scanf()是格式输入函数，它也是系统的库函数。该函数是用来输入数据的函数，计算机执行到该函数时会停下来等待键盘上输入的数据。C 语言本身没有输入/输出语句，输入/输出操作都是由以上两个输入/输出库函数来完成的。

每个 C 语言程序语句的后面都必须有分号，分号的作用是表明语句到此结束。如果在编写 C 语言程序时忘记输入分号的话，那可就犯了一个大错误。但需注意预编译处理命令#include<stdio.h>后面没有分号。

C 语言程序书写格式自由，一行内可以写几个语句，一个语句可以分写在多行上。

在编写程序时可以在程序中加入注释，以说明变量的含义、语句的作用和程序段的功能，从而帮助人们阅读和理解程序。因此，一个好的程序应该有详细的注释。在添加注释时，注释内容必须放在符号"/*"和"*/"之间。添加注释也可用符号"//"。两者的区别是："/*...*/"可以表示跨行的注释说明，而"//"只能说明本行的内容为注释说明。

1.2　C 语言的特点

C 语言是一种通用性很强的结构化程序设计语言，它既可以用来编写系统软件，也可以用来编写应用软件。它具有丰富的运算符号和数据类型，语言简单灵活，表达能力强。C 语言的主要特点如下：

1. 用 C 语言编写的程序非常简洁

C 语言只有 32 个关键字，9 种控制语句，程序主要由小写字母组成，书写格式自由，压缩了不必要的成分，相对其他计算机语言而言，其源程序较短，因此输入程序时工作量少，使用方便、灵活。

2. 运算符非常丰富

C 语言的运算符包含的范围很广泛，共有 34 种运算符。C 语言把括号、赋值、强制类型转换等都作为运算符处理，从而使 C 语言的运算符类型极其丰富，表达式类型多样化。灵活使用各种 C 语言的运算符可以完成在其他高级语言中难以实现的运算。

3. 数据类型丰富

C 语言的数据类型丰富，具有现代化语言的各种数据类型。C 语言的数据类型有：整型、实型、字符型、数组型、指针型、结构体型、共用体型和枚举型等。它们能用来实现各种复杂的数据结构。因此，C 语言具有很强的数据处理能力。

4. 具有结构化的控制语句

C 语言是一种结构化程序设计语言，它具有结构化控制语句（if else、while、do while、switch、for 等语句）。C 语言用函数作为程序模块，以实现程序的模块化。因此，C 语言十分有利于实现结构化、模块化程序设计。

5. 允许直接访问物理内存

C 语言既具有高级语言的特点，又具有低级语言的一些功能。它允许直接访问物理内存，能进行位（bit）运算，可以直接对硬件进行操作。

6. C 语言程序的可移植性好

C 语言程序本身不依赖于机器硬件系统，这便于在硬件结构不同的机种间和各种操作系统中实现程序的移植。C 语言的优点很多，但也有不足之处。C 语言语法限制不太严格，程序设计时自由度大，对变量类型的使用比较灵活，允许程序编写者有较大的自由度，放宽了对语法的检查。为此，程序员应当仔细检查程序，以保证其正确性，而不要过分依赖 C 语言编译程序去查错。

练 习 题

1. 选择题

（1）以下叙述中正确的是（   ）。
A. C 程序的基本组成单位是语句　　　　B. C 程序中的每一行只能写一条语句
C. 简单 C 语句必须以分号结束　　　　　D. C 语句必须在一行内写完

（2）计算机能直接执行的程序是（   ）。

A. 源程序   B. 目标程序   C. 汇编程序   D. 可执行程序

（3）以下叙述中正确的是（   ）。

A. C 语言程序中的注释只能出现在程序的开始位置和语句的后面
B. C 语言程序书写格式严格，要求一行内只能写一个语句
C. C 语言程序书写格式自由，一个语句可以写在多行上
D. 用 C 语言编写的程序只能放在一个程序文件中

（4）下列叙述中正确的是（   ）。

A. C 语言程序将从源程序中第一个函数开始执行
B. 可以在程序中由用户指定任意一个函数作为主函数，程序将从此开始执行
C. C 语言规定必须用 main 作为主函数名，程序将从此开始执行，在此结束
D. main 可作为用户标识符，用以命名任意一个函数作为主函数

（5）一个 C 语言程序是由（   ）。

A. 一个主程序和若干子程序组成   B. 函数组成
C. 若干过程组成   D. 若干子程序组成

（6）C 语言源文件的扩展名为（   ）。

A. .c   B. .h   C. .obj   D. .exe

（7）一个 C 语言程序（   ）主函数。

A. 有且仅有一个   B. 大于等于一个   C. 可以没有   D. 至少两个

2. 判断题（对的在题后的括号里打"√"，错的打"×"）

（1）C 语言程序的一行只能写一条语句。（   ）
（2）在标准 C 语言程序中，语句必须以";"结束。（   ）
（3）main 函数必须写在一个 C 语言程序的最前面。（   ）
（4）一个 C 语言程序可以包含若干函数，但必须有主函数。（   ）
（5）一个 C 语言程序的执行是从本程序文件的第一个函数开始，到本程序文件的最后一个函数结束。（   ）
（6）在 C 语言程序中，注释说明只能位于一条语句的后面。（   ）

第 2 章 数据类型与运算

学习目标

了解 C 语言的基本数据类型，掌握 C 语言的基本运算符和表达式。

学习要求

- 了解 C 语言的基本数据类型。
- 掌握 C 语言的基本运算符和表达式。

数据类型是指数据在计算机内存中的表现形式。C 语言提供的数据类型及分类有以下几种：

- 基本类型　包括整型、实型（浮点型）、字符型和枚举型 4 种。
- 构造类型　包括数组类型、结构体类型和共用体类型 3 种。
- 指针类型　是一种特殊的数据类型，其值用来表示某个变量在内存中的地址。
- 空类型　空类型 void 用来声明函数的返回值类型为空，不能声明变量。

前 3 种类型的数据都有常量和变量之分，本章主要介绍整型、实型和字符型 3 种基本的数据类型。

2.1　常量与变量

在程序运行过程中，其值不能被改变的量称为常量，其值可以改变的量称为变量。

2.1.1　常量与符号常量

C 语言中常用的常量主要有 3 类：整型常量、实型常量和字符常量。整型常量和实型常量又称为数值型常量，它们有正值和负值之分。如 12、–1、0 都是整型常量，3.1415926、–1.35、0.0 都是实型常量。字符常量是用单引号括起来的一个字符，如'a'、'A' 等。这些都是字面上的常量，除此之外，C语言中可以用一个符号名来代表一个常量，称为符号常量。

例 2.1 符号常量的使用。

```
/*程序功能：计算圆的面积*/
#include <stdio.h>
#define  PI  3.1415926
void main()
{
    float r,s;
    r=5.0;
    s=PI*r*r;
    printf("Area is %f", s);
}
```

程序中用#define 命令行定义 PI 代表常量 3.1415926，此后凡在该程序中出现 PI 都代表 3.1415926，可以和常量一样进行运算。

注意：符号常量的值在其作用域内不能改变，也不能再被赋值，这一点要和变量区分开。

使用符号常量有以下好处：

（1）含义清楚。定义符号常量名时应考虑"见名知意"。

（2）在需要改变一个常量时能做到"一改全改"。

2.1.2 变量

在程序运行过程中，其值可以改变的量称为变量。程序中用到的所有变量都必须有一个名字作为标识。

变量的名字由用户自己定义，它必须符合标识符的命名规则。在 C 语言中，变量名、函数名、数组名等的命名都必须遵守一定的规则，按此规则命名的符号称为标识符。合法标识符的命名规则是：① 标识符可以由字母、数字和下划线组成；② 第一个字符必须是字母或下划线；③ 不能是 C 语言关键字。

以下都是合法的标识符：

a，area，PI，a_arr，_ss

以下都是非法的标识符：

123，a–b，a&b，￥s

在 C 语言的标识符中，大写字母和小写字母被认为是两个不同的字符，例如 S 和 s 是两个不同的标识符。习惯上，变量名用小写字母命名，符号常量用大写字母命名。

一个变量实质上是代表了内存中的一个存储单元。在程序中，定义了一个变量 a，实际上是给用 a 命名的变量分配了一个存储单元，用户对变量 a 进行的操作就是对该存储单元进行的操作；给变量 a 赋值，实质上就是把数据存入该变量所代表的存储单元中。

C 语言规定，程序中所有变量都必须先定义后使用。

像常量一样，变量也有整型变量、实型变量、字符型变量等不同类型。在定义变量的同时要说明其类型，这样，系统在编译时就能根据其类型为其分配相应的存储单元。

2.2 整型数据

2.2.1 整型常量

整型常量即整常数,在 C 语言中有以下 3 种不同的表示形式。

(1)十进制整数:由数字 1~9 开头,其余各位由 0~9 组成。如 123、-789、0 等。

(2)八进制整数:由数字 0 开头,其余各位由 0~7 组成。在书写时要加前缀"0"。如 012 表示八进制数 12,等于十进制数 10;-0123 表示八进制数-123,等于十进制数-83。

(3)十六进制整数:由 0x 或 0X 开头,其余各位由 0~9 与字母 a~f(0X 开头时输出为 A~F)组成。在书写时要加前缀"0x"或"0X"。如 0x36,代表十六进制数 36,等于十进制数 54;-0x123,代表十六进制数-123,等于十进制数-291。

在计算机内部表示数据时是采用二进制,二进制整数由数字 0 和 1 构成。如 011101 等。

在 C 语言中输出数据时,只有十进制数可以带负号,八进制和十六进制数输出时不会出现负号。

二进制、八进制、十进制、十六进制之间可以相互转换。0~15 的十进制数与二进制、八进制、十六进制之间的转换关系见表 2.1。

表 2.1 各进制之间的转换关系

十进制	二进制	八进制	十六进制	十进制	二进制	八进制	十六进制
0	0	0	0	8	1000	10	8
1	1	1	1	9	1001	11	9
2	10	2	2	10	1010	12	A
3	11	3	3	11	1011	13	B
4	100	4	4	12	1100	14	C
5	101	5	5	13	1101	15	D
6	110	6	6	14	1110	16	E
7	111	7	7	15	1111	17	F

1. 二进制、八进制、十六进制数转化为十进制数

对于任何一个二进制数、八进制数、十六进制数都可以写出它的按权展开式,再进行计算即可。例如:

$$(1111.11)_2 = 1\times 2^3 + 1\times 2^2 + 1\times 2^1 + 1\times 2^0 + 1\times 2^{-1} + 1\times 2^{-2} = (15.75)_{10}$$

$$(127.2)_8 = 1\times 8^2 + 2\times 8^1 + 7\times 8^0 + 2\times 8^{-1} = (87.25)_{10}$$

$$(A10B.8)_{16} = 10\times 16^3 + 1\times 16^2 + 0\times 16^1 + 11\times 16^0 + 8\times 16^{-1} = (41227.5)_{10}$$

2. 十进制数转换为二进制数

(1)对于整数部分采用除 2 取余法,即逐次除以 2,直至商为 0,得出的余数倒排,即为二进制各位的数码。

（2）小数部分采用乘2取整法，即逐次乘以2，从每次乘积的整数部分得到二进制数各位的数码。

例：将十进制数6.375转换为二进制数。

```
除数  被除数  余数              0.375
                             ×    2
 2 |  6      0              0.750     乘积无进位，即 $a_{-1}=0$
    2 | 3    1              ×    2
        1    1              1.500     乘积有进位，即 $a_{-2}=1$
                             ×    2
                             1.000     乘积有进位，即 $a_{-3}=1$
```

故：$(6.375)_{10} = (110.011)_2$

3. 二进制数转换为十六进制数

二进制数转换成十六进制数的方法是：将二进制数从小数点开始，对二进制整数部分向左每4位分成一组，对二进制小数部分向右每4位分成一组，不足4位的分别向高位或低位补0凑成4位。每一组有4位二进制数，分别转换成十六进制数中的一个数字，全部连接起来即可。

例：$(1101010.110)_2 = (6A.C)_{16}$

4. 二进制数转换为八进制数

二进制数转换成八进制数的方法是：将二进制数从小数点开始，对二进制整数部分向左每3位分成一组，对二进制小数部分向右每3位分成一组，不足3位的分别向高位或低位补0凑成3位。每一组有3位二进制数，分别转换成八进制数中的一个数字，全部连接起来即可。

例：$(1101010.110)_2 = (152.6)_8$

2.2.2 整型变量

C语言中所用到的变量都必须在程序中先定义，即类型定义或类型声明，也就是"先定义，后使用"。下面以基本整型为例说明如何定义整型变量。基本整型用类型名关键字"int"进行定义，例如：

```
int k;        /*定义k为整型变量*/
```

一个定义语句必须以一个";"结束。在一个定义语句中也可以同时定义多个变量，变量之间用逗号隔开。例如：

```
int i,j,k;
```

定义变量i、j、k后，编译系统仅为i、j和k开辟存储单元，并为存储单元中随机分配一个无意义的值。

C语言规定，可以在定义变量的同时给变量赋初值，也称变量的初始化。例如：

```
int i=1,j=2,k=3;
```

2.2.3 整型数据的分类

根据占用内存字节数的不同，整型数据分为 4 类：基本整型（int）、短整型（short [int]）、长整型（long [int]）和 无符号整型（unsigned [int]）。若不指定变量为无符号型，则变量隐含为有符号型（signed）。

不同的编译系统或计算机系统对这几类整型数所占用的字节数有不同的规定。VC 6.0 中定义的整型数所占用的字节数和数值范围见表 2.2。

表 2.2 VC 6.0 中定义的整型数所占字节数和数值范围

类型名称	占用字节数	数值范围
[signed] int	4	−2147483648～2147483647
[signed] short [int]	2	−32768～32767
[signed] long [int]	4	−2147483648～2147483647
unsigned [int]	4	0～4294967295
unsigned short [int]	2	0～65535
unsigned long [int]	4	0～4294967295

例 2.2 整型变量的定义和使用

```
#include <stdio.h>
void main()
{
    int a,b,c,d,x,y;              /* 定义 a、b、c、d、x、y 为整型变量 */
    unsigned u;                   /* 定义 u 为无符号整型变量 */
    a=12;b=-24;u=10;
    x=017,y=0x2a;
    c=a+u;d=b+u;
    printf ("a+u=%d, b+u=%d\n",c,d);
    printf ("x=%d, y=%d\n",x,y);
}
```

运行结果为：
a+u=22, b+u=-14
x=15, y=42

2.3 实型数据

2.3.1 实型常量

实型常量又称为实数或浮点数。C 语言中有两种形式表示一个实型常量。

（1）小数形式：由数字和小数点组成。如 0.149、123.0。
（2）指数形式：用指数记数法来表示。C 语言中，以 e 或 E 后跟一个整数来表示以 10 为底的幂数。如 3.14159 可以表示为 0.314159e1、3.14159E0、31.14159E-1。注意：① 字母 e 或 E 之前必须有数字；② e 或 E 后面的指数必须为整数；③ 在字母 e 或 E 的前后及数字之间不得插入空格。如：e3、.5e3.6、e 等都是非法的指数形式。

2.3.2 实型变量

C 语言中的实型变量分为单精度型和双精度型两种。
（1）单精度型：用关键字 float 定义，一般占 4 个字节，提供 7 位有效数字。
（2）双精度型：用关键字 double 定义，一般占 8 个字节，提供 15～16 位有效数字。
例如： float a,b,c;
　　　 double x,y;

在内存中，实数都是以指数形式存放的。注意，计算机可以精确地存放一个整数，不会出现误差，但实数往往存在误差。

2.4 字符型数据

2.4.1 字符常量

1. 字符常量

字符常量是用一对单引号括起来的单个字符。如'A'、' a'、'*'、'?' 等都是合法的字符常量。
说明：
（1）单引号中的大写字母和小写字母代表不同的字符常量。
（2）空格符'␣'也是一个字符常量。
（3）字符常量只能包含一个字符，故'ab'是非法的。
C 语言中，一个字符常量代表 ASCII 字符集中的一个字符，字符常量在内存中占一个字节，存放的是该字符的 ASCII 码值。在参加运算时，字符常量都作为整型量来处理。因此，字符常量'A'的值是十进制数 65，字符常量'a'的值是十进制数 97。
C 程序中，字符常量可以参与任何整数运算。例如：'B'-'A'的值为 1；'A'+32 等价于 65+32=97，相当于'a'；'b'-32 等价于 98-32=66，相当于'B'。

2. 转义字符常量

转义字符是 C 语言中用来表示键盘上的控制符和功能符的特殊符号，又称为反斜杠字符，因为这些字符常量总是以一个反斜杠开头后跟一个特定的字符,这些字符常量也必须括在一对单引号中。例如：'\n'代表换行符。C 语言中的转义字符见表 2.3。

表 2.3 C 语言中的转义字符

转义字符	表 示 含 义
\\	将\转义为字符常量中的有效字符（\字符）
\'	单引号字符
\"	双引号字符
\n	换行，将当前位置移到下一行开头
\t	横向跳格，横向跳到下一个输出区
\r	回车，将当前位置移到本行开头
\f	走纸换页，将当前位置移到下页开头
\b	退格，将当前位置移到前一列
\v	竖向跳格
\ddd	1～3 位 8 进制数所代表的字符
\xhh	1～2 位 16 进制数所代表的字符

说明：

（1）转义字符也是一个字符常量，代表一个字符。如'\n'、'\101'、'\x41'等都是一个字符。

（2）反斜杠后的八进制数可以不以 0 开头。如'\101'代表的就是字符常量'A'，'\141'代表的就是字符常量'a'。

（3）反斜杠后的十六进制数只可由小写字母 x 开头，不允许用大写字母 X，也不能用 0x 开头。

3. 字符串常量

字符串常量是用一对双引号括起来的字符序列。例如："abc"、"CHINA"、"yes"、"1234"、"How do you do. " 等，都是字符串常量。

在内存中存放字符串常量时，系统在每个字符串的最后自动加入一个字符'\0'作为字符串的结束标志。如字符串常量"CHINA"在内存中实际占 6 个字节，而非 5 个字节。所以应注意区分。比如，'a'和"a"是不同的，前者是字符常量，在内存中占一个字节，而后者为字符串常量，在内存中占两个字节。

2.4.2 字符变量

在 C 语言中，字符变量用关键字 char 来定义，在定义的同时也可以赋初值。例如：
char ch1='a',ch2='b';

字符变量在内存中占一个字节。将该字符的 ASCII 码值（无符号整数）存储到内存单元中。所以，字符变量可以作为整型变量来处理，可以参与整型变量所允许的任何运算，输出时，既可以以字符形式输出，也可以以整数形式输出。

例 2.3 字符变量的字符形式输出和整数形式输出。
```
#include <stdio.h>
void main()
```

```
    {
        char ch1,ch2;
        ch='a'; ch2='b';
        printf("ch1=%c,ch2=%c\n",ch1,ch2);        /* 字符形式输出 */
        printf("ch1= %d,ch2=%d\n",ch1,ch2);       /* 整数形式输出 */
    }
```

程序运行结果：

ch1=a,ch2=b

ch1=97,ch2=98

例 2.4 字符数据的算术运算。

```
#include <stdio.h>
void main()
{
    char ch1,ch2;
    chl = 'a'; ch2 = 'B';
    printf("ch1=%c,ch2=%c\n",ch1-32,ch2+32);     /*字母的大小写转换 */
}
```

程序的运行结果：

ch1=A,ch2 =b

2.5 各种数据类型间的混合运算

在同一个表达式中出现多种数据类型的混合运算时，先将不同类型数据转换成同一类型数据，然后才能运算求值。这种转换由编译系统自动完成，转换规则如图 2.1 所示。

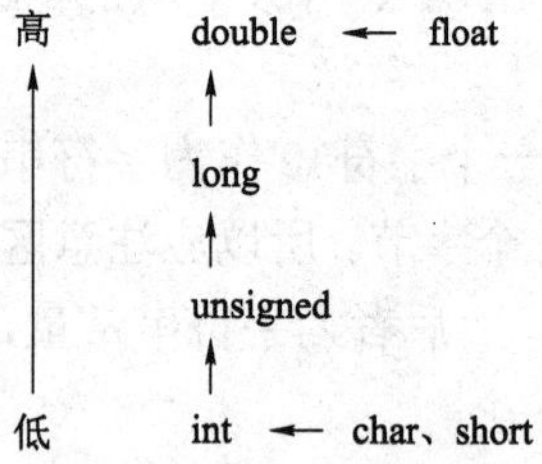

即：表达式中有 short、char 类型，在运算前先转换成 int 型，unsigned short 类型先转换成 unsigned int 型，float 型先转换成 double 型。运算符两端数据类型不一致时，在运算前先将类型等级较低的数据类型转换成等级较高的数据类型。

图 2.1 数据类型的转换规则

例如，有如下定义：

```
int    m;
float  n;
double d;
long int  e;
```

表达式('c' + 'd')* 20 + m * n - d/e 运算时是这样转换的：

（1）计算('c' + 'd')时，先将 'c'和'd' 转换成整型数 99、100，运算结果为 199。

（2）计算 m * n 时，先将 m 和 n 都转换成双精度型。

（3）将 e 转换成双精度型，d/e 结果为双精度型。

（4）假设所用计算机是先计算运算符左边操作数，那么('c' + 'd')* 20 计算后结果为 3980，再将 3980 转换成双精度型，然后与 m * n 的结果相加，再减去 d/e 的结果，表达式计算完毕，结果为双精度型。

2.6 算数运算符和算数表达式

2.6.1 基本算术运算符和算术表达式

1. 基本的算术运算符

C 语言中有 5 种基本的算术运算符：+（加法）、-（减法/取负）、*（乘法）、/（除法）、%（求余数）。

运算规则与代数运算基本相同，但有以下不同之处需要说明。

（1）除法运算（/）。

两个整数相除，则商为整数，小数部分被舍弃。

例如：5/2 = 2，而 5.0/2 = 2.5。

（2）求余数运算（%）。

参加运算的两操作数均为整型数据，否则出错。结果是整除后的余数。在 VC 6.0 中，运算结果的符号与被除数相同。

例如：7%3=1   -7%3=-1   7%-3=1

当运算数为负数时，所得结果的符号根据编译系统的不同而不同。

2. 算术表达式

用算术运算符和圆括号将运算数连接起来、符合 C 语言语法的表达式称为算术表达式。算术表达式中，运算对象可以是常量、变量和函数等。例如：2+sqrt（s）+b。

C 语言中，算术表达式的求值规律与数学中四则运算的规律类似，其运算规则和要求如下：

（1）在算术表达式中，可以使用多层圆括号，但左、右括号必须配对。运算时从内层括号开始，由内向外依次计算表达式的值。

（2）在算术表达式中，若包含不同的运算符，则按运算符的优先级由高到低进行运算；若表达式中运算符的级别相同，则按运算符的结合方向进行运算。

2.6.2 算术运算符的优先级和结合性

1. 算术运算符的优先级

算术运算符和圆括号的优先级高低次序如下：

()→ +（正号）、-（负号） → *、/、% → +、-

2. 算术运算符的结合性

在以上所列的运算符中，只有单目运算符"+"和"-"的结合性是从右到左的，其余运算符的结合性都是从左到右。如：在执行 a-b+c 时，变量 b 先与减号结合，执行 a-b，然后再执行加 c 的运算。

2.6.3 强制类型转换运算符

可以使用强制类型转换运算符将一个表达式转换成所需类型。
一般形式：（类型名）（表达式）
例如：
(double)a   将变量 a 的值转换成 double 型
(int)(x + y)   将 x+y 的结果转换成 int 型
(float)5/2   等价于((float)5)/2，将 5 转换成实型，再除以 2(=2.5)
(float)(5/2)   将 5 整除 2 的结果（2）转换成实型（2.0）

2.6.4 自加、自减运算符

自加运算符"++"和自减运算符"--"的运算结果是使得运算对象的值增1或减1。如：i++相当于i= i+1；i--相当于 i=i–1。

用自加或自减运算符构成表达式时，既可以前缀形式出现，也可以后缀形式出现。例如：++i、--i、i++、i--都是合法的表达式。无论是作为前缀运算符还是作为后缀运算符，对于变量 i 自身来说作用是一样的，即都是自增 1 或自减 1，但作为表达式来说却有不同值。

例如：int i=3;
则执行下面的赋值语句：
j=++i;   /*i 的值先自增 1 后变为 4，再赋值给 j，j 的值为 4*/
j=i++;   /*先将 i 的值 3 赋给 j，j 的值为 3，然后 i 再自增 1 变为 4*/

自加和自减运算符都是单目运算符，运算对象可以是整型变量也可以是实型变量，但不能是常量或表达式，例如：++3、(i+j)-- 等都是不合法的。

自加和自减运算符的结合方向是"自右至左"的。例如：有一表达式 –i++，其中 i 的原值为 3。由于负号运算符和自加运算符优先级相同，结合方向是"自右至左"的，即相当与对表达式 –(i++)进行运算，此时自加运算符++为后缀运算符，故表达式(i++)的值为 3，因此，表达式 –(i++)的值为–3，然后 i 自增为 4。

注意：不要在一个表达式中对同一个变量进行多次诸如 i++或++i 等运算，例如写成 i+++++i，这种表达式不仅可读性差，而且不同的编译系统对这样的表达式将做不同的解释，进行不同的处理，因而所得结果也各不相同。

2.7 赋值运算符和赋值表达式

2.7.1 赋值运算符和赋值表达式

在 C 语言中，符号"="是一个运算符，称为赋值运算符，由赋值运算符构成的表达式为赋值表达式，形式如下：

变量名=表达式

注意：赋值号的左边必须是一个代表某个存储单元的变量名，右边必须是合法的 C 语言表达式。赋值运算的功能就是先求出右边表达式的值，然后将此值赋值给左边的变量，即存入以该变量为标识的存储单元中。

例如：x=5; /*将常数 5 赋给变量 x*/
　　　a=a+3; /*将变量 a 的值加上 3 后再赋给变量 a */

说明：

（1）在程序中可以多次给一个变量赋值，每赋一次值，与它相应的存储单元中的数据就被更新一次，内存中当前的数据就是最后一次所赋的那个值。

（2）赋值运算符不同于数学上的"等于号"。

（3）赋值运算符的优先级仅高于逗号运算符，比其他任何运算符优先级都低，且具有自右向左的结合性。

（4）赋值运算符的左边只能是变量，不能是常量或表达式。a+b=c 就是不合法的赋值表达式。

（5）赋值运算符右边的表达式也可以是一个赋值表达式。如 a=b=5，按照自右向左的结合性，把 5 赋给变量 b，再把变量 b 的值赋给变量 a。

（6）C 语言规定，赋值表达式中最左边变量中所得到的新值就是整个赋值表达式的值。

2.7.2　复合的赋值运算符

在赋值运算符之前加上其他运算符可以构成复合的赋值运算符。C 语言规定可以使用 10 种复合赋值运算符，其中与算术运算有关的复合赋值运算符有：+=，—=，*=，/=，%=（注意：两个符号之间不能有空格）。例如：

x+=2　　　相当于 x=x+2
y/=3　　　相当于 y=y/3
a*=a+b　　相当于 a=a*(a+b)

复合赋值运算符的优先级与赋值运算符的优先级相同。

例 2.5　已有变量 a，值为 12，计算表达式 a+=a-=a+a 的值。

【解析】因为赋值运算符与复合赋值运算符"—="和"+="的优先级相同，低于加法运算，且结合方向为自右至左，所以：

（1）先计算 a+a 的值，因 a 初值是 12，故该表达式值为 24。

（2）再计算 a-=24，相当于 a=a-24，因 a 值仍为 12，故表达式值为-12，a 变量值也变为-12。

（3）最后计算 a+=-12，相当于 a=a+(-12)，因为 a 值已是-12，所以表达式的值为-24，结果 a 的值也为-24。

由此可知，表达式 a+=a-=a+a 的值是-24。

2.7.3　赋值运算中的类型转换

在赋值运算中，只有在赋值号右侧表达式的类型与左侧变量类型完全一致时，赋值操作才能进行。如果赋值运算符两侧的数据类型不一致，则在赋值前，系统将自动先将右侧表达式求得的数值按赋值号左边变量的类型进行转换，称为"赋值兼容"。

例如：int i;
　　　i=3.5;

因变量 i 为 int 型，系统会自动截取整数 3 赋值给变量 i。

2.8　关系运算和逻辑运算

2.8.1　关系运算符和关系表达式

关系运算就是将两个数据进行"比较运算"，判定两个数据是否符合给定的关系，如果条件成立，结果为"真"；否则，结果为"假"。在 C 语言中，没有专门的"逻辑值"，而是用非 0 表示"真"，用 0 表示"假"。

1. 关系运算符

C 语言提供了 6 种关系运算符，它们分别是：

<（小于），　　<=（小于或等于），　　>（大于），　　>=（大于或等于），
==（等于），　　!=（不等于）

关系运算符是双目运算符，具有自左至右的结合性。

关系运算符的优先级低于算术运算符，但高于赋值运算符。其中，<、<=、>、>=的优先级相同，==、!=优先级相同，且前 4 种的优先级高于后 2 种。

2. 关系表达式

关系表达式就是用一个关系运算符将任意两个合法的表达式（可以是算术表达式、关系表达式、逻辑表达式、赋值表达式或字符表达式等）连接起来构成的表达式。

例如：a>b、a + b > c – d、(a = 3)<=(b = 5)、'a' >= 'b'、(a > b)==(b > c)都是合法的关系表达式。

关系表达式的值是一个逻辑值。表达式为"真"时结果为 1，表达式为"假"时结果为 0。

例如：假设 int x = 3, y = 4, z = 5, 则：

(1) x > y 的值为 0。

(2) (x > y)!= z 的值为 1。

(3) x < y < z 的值为 1。

(4) (x < y)+ z 的值为 6。

2.8.2　逻辑运算符和逻辑表达式

关系表达式只能描述单一条件，例如 x >= 0。如果需要描述 x >= 0 且 x < 10，就不能写为 0<=x<10，必须借助于逻辑运算符和逻辑表达式。

1. 逻辑运算符

C语言提供了3种逻辑运算符，分别是：
&&   逻辑与（相当于"并且"）
|| 逻辑或（相当于"或者"）
!   逻辑非（相当于"否定"）

其中，"&&"和"||"是双目运算符；而"!"是单目运算符。例如，下面的表达式都是逻辑表达式：

(x >= 0)&&(x < 10)   /* x>=0，并且 x < 10 */
(x < 1)||(x > 5)   /* x<1，或者 x>5 */
!(x==0)   /* 否定 x = 0，即：x 不等于 0 时，条件成立*/
(year % 4== 0)&&(year % 100 != 0)||(year % 400==0)   /*year 能被 4 整除，同时不能被 100 整除；或者，year 能被 400 整除 */

逻辑运算符的运算规则如下：
&&   当且仅当两个运算量为"真"时结果为"真"，否则为"假"。
|| 当且仅当两个运算量为"假" 时结果为"假"，否则为"真"。
!   当运算量为"真"时结果为"假"；当运算量为"假"时结果为"真"。

逻辑运算符优先级次序是：逻辑非的优先级最高，逻辑与次之，逻辑或最低。逻辑运算符与赋值运算符、算术运算符、关系运算符之间从高到低的优先次序是：!（逻辑非）、算术运算符、关系运算符、&&（逻辑与）、||（逻辑或）、赋值运算符。

2. 逻辑表达式

由逻辑运算符和运算对象组成的表达式称为逻辑表达式。逻辑运算的对象可以是任意合法的表达式。逻辑运算的结果也为逻辑值，即只有 1 或 0 两种可能。

例如：假设 num=12，则

（1）!num 的值为 0。

（2）num>=1 && num<=31 的值为 1。

（3）num || num > 31 的值为 1。

说明：

（1）逻辑运算符两侧的操作数可以是任何类型的数据，如实型、字符型等。

（2）在计算逻辑表达式时，不一定所有的表达式都要求解。

① 对于"与"运算，只要第一个操作数为"假"，结果为"假"。不再求解第二个操作数；

② 对于"或"运算，只要第一个操作数为"真"，结果为"真"。不再求解第二个操作数。

例如：假设 int m,n,a,b,c,d;
m=n=a=b=c=d =1;

则表达式(m=a>b)&&(n=c>d)结果为 0。

计算时，因(m=a>b)的值为 0，即 m 值变为 0，此时已能确定整个逻辑表达式的值为 0，不再计算表达式(n=c>d)。因为不管(n=c>d)是"真"还是"假"，整个表达式的值都为"假"，故 n 值仍为 1。

2.9 逗号运算符和逗号表达式

","是 C 语言提供的一种特殊运算符,用逗号将表达式连接起来的式子称为逗号表达式。一般形式为:

表达式 1,表达式 2,…表达式 n

求解逗号表达式的值时,从左至右,依次计算各表达式的值,最后"表达式 n"的值即为整个逗号表达式的值。

例如:求表达式 a=3*5,a*4 的值时,先求解 a=3*5,得 a=15;再求 a*4=60,所以逗号表达式的值是 60。

在所有运算符中,逗号运算符的优先级最低。

2.10 位 运 算

在 C 语言中,位运算的对象只能是整型或字符型数据,不能是其他类型的数据。C 语言提供的 6 种位运算符及其功能见表 2.4。

表 2.4 位运算符

操 作 符	名 称	运算规则
&	按位与	对应位均为 1 时才为 1,否则为 0
|	按位或	对应位均为 0 时才为 0,否则为 1
^	按位异或	对应位相同时为 0,不同时为 1
~	按位取反	各位求反,即 1 变 0,0 变 1
<<	左移	a<<b,a 左移 b 位
>>	右移	a>>b,a 右移 b 位

说明:

(1)所有操作数都必须首先转换成二进制数再按位运算。

(2)运算量只能是整型或字符型的数据,不能为实型数据。

(3)位运算符优先级别(由高到低):

$\sim \rightarrow <<、>> \rightarrow \& \rightarrow \wedge \rightarrow |$

(4)位双目运算符优先级别低于关系运算符,高于逻辑运算符,运算时自左向右运算。

关系运算符→(<<、>>→ & →^→ |)→逻辑运算符

(5)"~"运算符自右向左运算;"&"、"|"是自左向右运算。"~"运算符的运算级别高于算术运算、关系运算、逻辑运算。

例 2.6 设有定义:int a=3, b=9,则有:

```
    a&b=1            a|b=11           a^b=10           ~b=-10
    00000011         00000011         00000011
 &  00001001      |  00001001      ^  00001001      ~  00001001
    00000001         00001011         00001010         11110110
```

例 2.7 若 b = 13，求 b << 3。

【解析】也就是将 b 的各位数字左移 3 位，右补 0。即将二进制数 00001101 左移 3 位，得 01101000，即十进制数 104。

说明：二进制数左移 1 位相当于该数乘以 2，左移 2 位相当于该数乘以 4，……左移 n 位相当于乘以 2^n。

例 2.8 若 b = 14，求 b >> 2。

【解析】也就是将 b 的各二进制位右移 2 位。移到右端的低位被舍弃，对无符号数，高位补 0。即 b 为 00001110，b>>2 为 00000011，低两位舍弃。

说明：右移一位相当于除以 2，右移 n 位相当于除以 2^n。

练 习 题

1. 选择题

（1）C 语言中的标识符的第一个字符（　　）。
A. 必须为字母　　　　　　　　　　B. 必须为下划线
C. 必须为字母或下划线　　　　　　D. 可以是字母、数字和下划线中任一种字符

（2）可在 C 程序中用作用户标识符的一组是（　　）。
A. and　　　_2007　　　　　　　　B. Date　　　y-m-d
C. Hi　　　Dr.Tom　　　　　　　　D. case　　　Big1

（3）以下选项中，合法的一组 C 语言数值常量是（　　）。
A. 028　　　　B. 12.5　　　　C. .177　　　　D. 0x8A
　.5e-3　　　　　0Xa23　　　　　4e1.5　　　　　10,000
　-0xf　　　　　4.5e0　　　　　0abc　　　　　　3.e5

（4）若有定义语句：int a=3,b=2,c=1;，以下选项中错误的赋值表达式是（　　）。
A. a=b=c+1　　B. a=(b=4)=3　　C. a=(b=4)+c　　D. a=1+(b=c=4)

（5）以下选项中正确的定义语句是（　　）。
A. double a;b;　　B. double a=b=7;　　C. double a=7,b=7;　　D. double a,b,

（6）若函数中有定义语句：int k;，则（　　）。
A. 系统将自动给 k 赋初值 0　　　　B. 这时 k 中的值无定义
C. 系统将自动给 k 赋初值-1　　　　D. 这时 k 中无任何值

（7）以下不能正确表示代数式 $\dfrac{2ab}{cd}$ 的 C 语言表达式是（　　）。
A. 2*a*b/c/d　　B. a*b/c/d*2　　C. a/c/d*b*2　　D. 2*a*b/c*d

（8）若变量 a、b、t 已正确定义，要将 a 和 b 中的数进行交换，以下选项中不正确的语句是（　　）。
A. a=a+b; b=a-b; a=a-b;　　　　B. t=a; a=b; b=t;
C. a=t; t=b; b=a;　　　　　　　D. t=b; b=a; a=t;

（9）若变量均已正确定义并赋值，以下合法的 C 语言赋值语句是（　　）。
A. x=y=5;　　B. x=n%2.5;　　C. x+n=i;　　D. x=5=4+1;

(10) 表达式(int)((double)9/2-9%2)的值是（　　）。
A. 0　　　　　　　B. 3　　　　　　　C. 4　　　　　　　D. 5

(11) 假设定义 i 为整型变量，f 为 float 变量，d 为 double 型变量，e 为 long 型变量，式子 10+'a'+i*f-d/e 的结果是（　　）。
A. float 型　　　　B. double 型　　　C. long 型　　　　D. int 型

(12) 设有定义：int x=2;，以下表达式中，值不为 6 的是（　　）。
A. x*=x+1　　　　B. x++,2*x　　　　C. x*=(1+x)　　　D. 2*x,x+=2

(13) 若有定义语句：int x=10;，则表达式 x -= x + x 的值为（　　）。
A. -20　　　　　　B. -10　　　　　　C. 0　　　　　　　D. 10

(14) 有以下程序，其中 k 的初值为八进制数，
```
#include <stdio.h>
void main()
{
    int k=011;
    printf("%d\n",k++);
}
```
程序运行后的输出结果是（　　）。
A. 12　　　　　　B. 11　　　　　　C. 10　　　　　　D. 9

(15) 设 a=12，表达式 a/=a+a 运算后，a 的值为（　　）。
A. 24　　　　　　B. 10　　　　　　C. 0　　　　　　　D. 60

(16) 有以下程序
```
#include <stdio.h>
void main()
{
    char c1,c2;
    c1='A'+'8'-'4';
    c2='A'+'8'-'5';
    printf("%c,%d\n",c1,c2);
}
```
已知字母 A 的 ASCII 码为 65，程序运行后的输出结果是（　　）。
A. E,68　　　　　B. D,69　　　　　C. E,D　　　　　　D. 输出无定值

(17) 表达式(a=3*5,a+4),a+5 的值为（　　）。
A. 20　　　　　　B. 29　　　　　　C. 60　　　　　　D. 90

(18) 若有定义：double a=22;int i=0,k=18;，则不符合 C 语言规定的赋值语句是（　　）。
A. a=a++,i++;　　B. i=(a+k)<=(i+k);　C. i=a%11;　　　D. i=!a;

(19) 设 a,b,c 都是 int 型变量，且 a=3，b=4，c=5，则以下值为 0 的表达式是（　　）。
A. a&&b　　　　B. a<=b　　　　C. a||b+c&&b-c　　D. !((a<b)&&c||1)

(20) 执行以下程序段后，w 的值为（　　）。
```
int  w='A',x=14,y=15;
w=((x||y)&&(w<'a'));
```

A. -1　　　　　　B. NULL　　　　　C. 1　　　　　　D. 0

（21）变量 a 中的数据用二进制表示的形式是 01011101，变量 b 中的数据用二进制表示的形式是 11110000。若要求将 a 的高 4 位取反，低 4 位不变，所要执行的运算是（　　）。

A. a^b　　　　　B. a|b　　　　　C. a&b　　　　　D. a<<4

（22）表达式 0x13&0x17 的值是（　　）。

A. 0x17　　　　　B. 0x13　　　　　C. 0xf8　　　　　D. 0xec

（23）若 a=1，b=2，则 a|b 的值是（　　）。

A. 0　　　　　　B. 1　　　　　　C. 2　　　　　　D. 3

（24）若有以下程序段：

```
int x=1,y=2;
x=x^y;
y=y^x;
x=x^y;
```

则执行以上语句后 x 和 y 的值分别是（　　）。

A. x=1,y=2　　　B. x=2,y=2　　　C. x=2,y=1　　　D. x=1,y=1

2. 判断题（对的在题后的括号里打"√"，错的打"×"）

（1）设有定义：int a=33,b=66;，则语句 a=b;b=a;实现了 a 和 b 的数据交换。（　　）

（2）以下程序运行后的输出结果是 1。（　　）

```
#include <stdio.h>
void main()
{
    int a=37;
    a%=9;printf("%d\n",a);
}
```

（3）以下程序的功能是：将值为 3 位正整数的变量 x 中的数值按照个位、十位、百位的顺序拆分并输出。空白处的表达式应为：x/10。（　　）

```
#include <stdio.h>
void main()
{
    int x=256;
    printf("%d-%d-%d\n",_____,x/10%10,x/100);
}
```

（4）若有定义语句：int a=5;，则表达式 a++ 的值是 6。（　　）

（5）执行以下程序后的输出结果是：a=19。（　　）

```
#include <stdio.h>
void main()
{
    int a=10;
    a=(3*5,a+4);
```

```
        printf("a=%d\n",a);
}
```

（6）以下程序运行后的输出结果是 10。（   ）
```
#include <stdio.h>
void main()
{
    int  x=20;
    printf("%d",0<x<20);
    printf("%d",0<x&&x<20);
}
```

（7）年份能被 4 整除且不能被 100 整除，或者能被 400 整除的是闰年。判断年份 year 是否是闰年的逻辑表达式为：(year % 4== 0)&&(year % 100 ! = 0)||(year % 400==0)。（   ）

（8）已定义 char ch='$'; int i=1,j;，执行 j=!ch&&i++以后，i 的值为 2。（   ）

（9）假设 int m,n,a,b,c,d; m=n=a=b=c=d =1;，运算表达式(m=a>b)&&(n=c>d)后，变量 m 和 n 的值均为 0。（   ）

（10）设 x 为 int 型变量，用以判断 x 同时为 3 和 7 的倍数的关系表达式为：x%3=0 && x%7=0。（   ）

（11）与!(a<=b)等价的 C 语言表达式为 a>b。（   ）

（12）设有定义：int a=3，b=9，则 a|b 的值是 11。（   ）

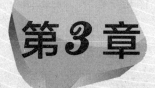

第3章 顺序结构

学习目标

了解 C 语言的主要语句形式，掌握格式输入/输出函数和字符输入/输出函数的使用方法，掌握顺序结构程序设计的基本思想及编写方法。

学习要求

- 了解 C 语言的主要语句形式。
- 掌握格式输入/输出函数，字符输入/输出函数，顺序结构程序设计的基本思想和编写方法。

C 语言结构化程序设计有 3 种基本结构：顺序结构、选择结构和循环结构。其中，顺序结构是 3 种结构中最简单、最常见的，它是按照语句的先后顺序执行的。C 语言中的函数包含声明部分和执行部分，其中执行部分是由语句组成的，它的作用是向计算机发出操作指令，执行相应的操作。本章先介绍一下 C 语言的语句以及数据的输入/输出格式，然后介绍几个 C 语言程序顺序结构的例子。

3.1 C 语句概述

C 语言的语句是 C 源程序的重要组成部分，用来向计算机系统发出操作指令。一个实际的程序应当包含若干语句。C 语言的语句可以分为以下 5 大类。

（1）表达式语句：一个表达式后面加一个分号就构成了一个表达式语句。

例如： sum=a+b;   /*赋值表达式加分号构成赋值语句*/
　　　　x=1,y=2;   /*逗号表达式加分号构成逗号表达式语句*/

（2）函数调用语句：函数调用语句由一个函数调用加一个分号构成。

例如：printf("This is a C program.");

其中，**printf** 是 C 语言标准输出函数（函数调用将在后面的章节介绍）。

(3) 空语句：只有一个分号（;）的语句称为空语句，空语句在语法上占一个语句位置，但它什么也不做。它经常被用作循环语句中的循环体（循环体是空语句，表示循环体什么也不做。）

例如：`for(i=0;i<=1000;i++)`
`;`

(4) 复合语句：用花括号{ }将多个语句组合在一起称为复合语句，又称为语句块（block）。

例如：
```
{
  t=a;
  a=b;
  b=t;
}
```

(5) 控制语句：控制语句用于控制程序的执行顺序，实现基本结构的语句，C语言有下面9种控制语句：

if-else 语句	（条件语句）
switch 语句	（多分支选择语句）
for 语句	（循环语句）
while 语句	（循环语句）
do-while 语句	（循环语句）
continue 语句	（结束本次循环，继续执行下一次循环）
break 语句	（终止执行循环语句或 switch 语句）
goto 语句	（转向语句）
return 语句	（函数返回值语句）

3.2 数据的输入/输出格式

输入/输出是程序设计中的基本操作，几乎每一个C程序都包含输入/输出，没有输出的程序是没有意义的。C语言本身不提供输入/输出语句，而是由C语言标准函数库中的输入/输出函数来实现的。C语言标准函数库中包含的常用输入/输出函数有：格式输出函数 printf()、格式输入函数 scanf()、单个字符输出函数 putchar()、单个字符输入函数 getchar()等。不要把这些函数误以为是输入/输出语句，scanf 和 printf 等都是库函数的名字，用来实现输入/输出的功能。

C语言不把输入/输出作为C语句的目的是为了使C语言编译系统更简单，因为将语句翻译成二进制指令是在编译阶段完成的，没有输入/输出语句就可以避免在编译阶段处理与硬件有关的问题，可以使编译系统简化，而且通用性强，可移植性好。

此外，使用标准输入/输出库函数时，要用预编译命令#include 将有关头文件 stdio.h 包含到用户的源程序中。即：

`#include<stdio.h>`

或

`#include "stdio.h"`

stdio 是 stand input & output（标准输入和输出）的缩写，它包含了与标准 I/O 库有关的变量定义和宏定义以及对函数的声明(以上两种指令形式的区别在将在第 7 章介绍)。

3.2.1 printf 函数

printf 函数(格式输出函数)的功能是向终端输出一个或多个任意类型的数据。它的一般格式是:

printf("格式控制",输出列表)

如:printf("a=%d,b=%c\n",a,b);

1. 格式控制

格式控制也称"控制字符串",是由双引号括起来的指定串。由格式说明、控制字符和普通字符 3 部分组成。

1)格式说明

由"%"字符开始,后面跟有各种格式字符,以说明输出数据的类型、形式、长度、小数位数等格式。C 语言提供的常用 printf 函数格式说明见表 3.1。

表 3.1 常用 printf 函数格式说明及应用举例

格式说明	功能	实例	输出结果	说明
%d %i	输出带符号的十进制整数	int x=-2; printf("%d",x);	-2	
%u	输出无符号的十进制整数	int x=153; printf("%u",x);	153	
%x %X	输出不带 0X 或 0x 的无符号十六进制整数	int x=46; printf("%X",x);	2E	%x 表示符号 a~f 以小写形式输出,%X 表示符号 A~F 以大写形式输出
%o	输出无符号的八进制整数	int x=46; printf("%o",x);	56	输出不带前导符 0
%f	输出小数形式的单、双精度浮点数	float x=123.456; printf("%f",x);	123.456000	输出默认 6 位小数
%e %E	输出科学计数法形式的浮点数	float x=123.456; printf("%e",x);	1.234560e+002	
%c	输出单个字符	char x='a'; printf("%c",x);	a	
%s	输出字符串	char x[8]= "china"; printf("%s",x);	china	

2)控制字符

常用控制字符见表 3.2。

表 3.2 常用控制字符

控制字符	表 示 含 义
\n	换行,将当前位置移到下一行开头
\t	横向跳格,横向跳到下一个输出区

续表

控制字符	表示含义
\r	回车,将当前位置移到本行开头
\f	走纸换页,将当前位置移到下页开头
\b	退格,将当前位置移到前一列
\v	竖向跳格

例如：printf("%d\n%d\n",x,y)。

3）普通字符

除格式说明和控制字符之外,其他字符均属普通字符,打印时按原样输出。例如：
int a=3,b=4;
printf("a=%d,b=%d\n",a,b);
其中 a=、b=和,都是普通字符。输出结果是：
a=3,b=4

如果格式控制里面只有普通字符,并且没有后面的输出列表,那么输出结果是按照双引号里的普通字符原样输出。

2. 输出列表

输出列表就是程序需要输出的各数据,可以是常量、变量或者表达式,它们之间要用逗号分隔,以上 printf("a=%d,b=%d\n",a,b) 语句中的 a,b 就是输出列表。

3. 附加说明符

在格式说明中,为了满足用户的高级需求,可以在%与格式字符之间插入几种附加说明符。常用附加说明符见表3.3。

表3.3 附加说明符意义

附加说明符	意义
l	用于长整型,可以加在格式符 d、o、x、u 的前面
m（正整数）	数据输出的最小宽度,当数据实际宽度超过 m 时,则按实际宽度输出,如实际宽度短于 m,则输出时前面补 0 或空格
.n（正整数）	对实数表示输出 n 位小数,对字符串,表示从左截取的字符个数
-	输出的字符或数字在域内向左对齐,默认右对齐
+	输出的数字前带有正负号
0	在数据前多余空格处补 0
#	用在格式字符 o 或 x 前,输出八进制或十六进制数时带前缀 0 或 0x

附加说明符与格式字符进行组合,可以输出各种不同格式的整型数据、字符型数据和浮点型数据。表 3.4 列出了各种输出格式下的输出结果（表中 ␣ 代表一个空格）,其中 k 为 int 型,值为 1234；f 为 float 型,值为 123.456。

表 3.4　各种输出格式下的输出结果

输出语句	输出结果
printf("%d\n",k);	1234
printf("%6d\n",k);	␣␣1234
printf("%2d\n",k);	1234
printf("%f\n",f);	123.456000
printf("%12f\n",f);	␣␣123.456000
printf("%12.6f\n",f);	␣␣123.456000
printf("%2.6f\n",f);	123.456000
printf("%.6f\n",f);	123.456000
printf("%12.2f\n",f);	␣␣␣␣␣␣123.46
printf("%e\n",f);	1.234560e+002
printf("%13e\n",f);	1.234560e+002
printf("%13.8e\n",f);	1.23456000e+002
printf("%3.8e\n",f);	1.23456000e+002
printf("%.8e\n",f);	1.23456000e+002
printf("%13.2e\n",f);	␣␣␣␣1.23e+002
printf("%06d\n",k);	001234
printf("%012.6f\n",f);	00123.456000
printf("%s\n","abcdefg");	abcdefg
printf("%10s\n","abcdefg");	␣␣␣abcdefg
printf("%5s\n","abcdefg");	abcdefg
printf("%.5s\n","abcdefg");	abcde
printf("%-6d\n",k);	1234␣␣
printf("%-12.2f\n",f);	123.46␣␣␣␣␣␣
printf("%+6d\n",k);	␣+1234

4. 使用 printf 函数时的注意事项

（1）格式控制中必须含有与输出项一一对应的输出格式说明，类型必须匹配。若格式说明与输出项的类型不一一对应匹配，则不能正确输出，且编译时不会报错。若格式说明个数少于输出项个数，则多余的输出项不予输出；若格式说明个数多于输出项个数，则将输出一些毫无意义的乱码。

（2）如果要输出"%"符号，则可以在格式控制中用"%%"表示。例如：printf("%.2f%%\n",12.5)的输出结果为 12.50%。

（3）printf 函数的输出格式为自由格式，是否在两个数之间留逗号、空格或回车等，完全取决于格式控制。例如：k 值为 1234，f 值为 123.456，则 printf("%d%f\n",k,f)的输出结果为 1234123.456000，无法分辨数字的含义。

3.2.2　scanf 函数

格式输入函数 scanf 的功能是从键盘向程序中的变量输入一个或若干个任意类型的数据。一般格式为：

scanf("格式控制",地址列表)

如：scanf("%d, %d",&a,&b);

1. 格式控制

格式控制与 printf 基本相同，由格式说明、附加说明字符和普通字符 3 部分组成。其中的格式说明，也与 printf 函数的格式说明类似，以 "%" 字符开始，以一个格式字符结束，中间可以插入附加说明符。在格式控制字符串中若有普通字符，则从键盘输入时要原样输入。

scanf 函数中可以使用的格式字符见表 3.5，在 "%" 与格式字符之间可以插入的附加说明符见表 3.6。

表 3.5　scanf 函数格式字符及作用

格式字符	作　　用
%d, %i	输入带符号的十进制整数
%u	输入无符号十进制整数
%x, %X	输入无符号的十六进制整数（不区分大小写）
%o	输入无符号形式八进制整数
%f	输入实数，可以用小数形式或指数形式输入
%e, %E %g, %G	与%f作用相同，%e、%f、%g 可以互相替换
%c	输入单个字符
%s	输入字符串，将字符串送到一个字符数组中，在输入时以非空字符开始，遇到回车或空格字符结束

表 3.6　scanf 函数附加格式说明符及作用

格式修饰符	作　　用
L 或 l	用在格式字符 d、o、x、u 之前，表示输入长整型数据，用在 f 或 e 前，表示输入 double 型数据
h	用在格式字符 d、i、o、x 前，表示输入短整型数据
m	指定输入数据所占宽度，不能用来指定实数型数据宽度，应为正整数
*	表示该输入项在读入后不赋值给相应的变量

2. 地址列表

地址列表是用逗号分隔的若干接收输入数据的变量地址。变量地址由地址运算符&后跟变量名组成，变量地址间用逗号隔开。如：

```
#include<stdio.h>
void main()
```

```
{
    int a,b, c;
    scanf("%d%d%d",&a,&b,&c);
    printf("a=%d,b=%d,c=%d\n",a,b,c);
}
```

运行时按以下方式输入 a、b、c 的值：

3␣4␣5↵　　　　　（输入 a、b、c 的值，用空格间隔）
a=3,b=4,c=5　　　（输出 a、b、c 的值）

注：输入数据时，在两个数据之间以一个或多个空格间隔，也可以用 Enter 键、Tab 键分隔，不能用逗号作为两个数据的分隔符。

下面输入均为合法：

① 3␣4␣5↵

② 3↵
　　4　5↵

③ 3（按 Tab 键）4↵
　　5↵

但下面的输入不合法：

　　3,4,5↵

3. 使用 scanf 函数时应注意的问题

（1）地址列表中的各个参数都是变量地址，而不是变量名。

例如：设 a、b 分别为整型变量和浮点型变量，则 scanf("%d %f",&a,&b) 是合法的。而 scanf("%d %f",a,b) 是非法的。

（2）若格式控制字符串中除了格式说明以外还有其他普通字符，则输入数据时应在对应位置输入与这些字符相同的字符。

例如：scanf("%d,%d",&a,&b) 输入时应用如下形式：

3,4↵

以下输入格式是不对的：

3␣4↵

3：4

又如：scanf("%d:%d:%d",&x,&y,&z);

输入形式应为：12:13:14

（3）在输入数据时，若遇到下列情况，输入数据认为结束：遇空格或按 Enter 键或按 Tab 键或遇非法输入时。

例如：
scanf("%d%c%f",&a,&b,&c);

若输入

123a456o.26↵

则 123→a，字符'a'→b，456→c

注：第 3 个数 4560.26 错打成 456o.26，由于 456 后面出现了英文字母 o，就认为此数据

结束，则将会把 456 送给 c，后面的数据将不被接受。

（4）在输入数据时，遇到指定的宽度时数据输入结束，如%3d，则只取 3 列；

例如：

scanf("%2d%3f ",&a,&b);

若输入

123456↙

则 12→a，345→b

（5）长度格式符为 l 和 h，l 表示输入长整型数据（%ld）和双精度实数（%lf），h 表示输入短整型数据。如果要输入 double 型的数据必须要使用%lf 或%e。如果 a、b 为 double 型变量，则用 scanf 输入 a、b 的值时，输入时要使用%lf，例如：

scanf("%lf,%lf ",&a,&b);

（6）对于实型数据，使用 scanf 函数输入时不能规定其精度。

例如：scanf("%6.3f",&x) 是不合法的。

（7）在用%c 格式输入字符时，空格字符、回车符和控制字符都将作为有效的字符输入。

例如：

scanf("%c%c%c",&c1,&c2,&c3);

如果输入：

a␣b␣c↙

则字符'a'→c1，字符'␣'→c2，字符'b'→c3。

正确输入方法是：

abc↙（中间没有空格）

（8）如果在%后有一个*附加说明符，表示跳过它指定的列数。例如：

scanf("%2d %*3d %2d",&a,&b);

如果输入如下信息：

12␣34␣67↙

系统将 12 赋给整型变量 a，%*3d 表示读入 3 位整数但不赋给任何变量。然后再读入 2 位整数 67 赋给变量 b。在利用现成的一批数据时，有时不需要其中某些数据，可用此法"跳过"它们。

3.3　字符数据输入/输出

3.3.1　putchar 函数

功能：向终端（显示器）输出一个字符，一般格式为：

putchar(c);

其中 c 可以是字符型或整型的常量、变量或表达式。如果 c 是字符型，则输出相应字符，如果 c 为整型，则输出 ASCII 码值等于参数 c 的字符。

例如：

putchar('a');　　　　/*输出结果为：a*/

putchar(97);   /*输出结果为：a*/

用 putchar()函数也可以输出屏幕控制字符，如 putchar('\n')的作用是输出一个换行符，使输出的当前位置移到下一行的开头。

其次，putchar()函数还可输出转义字符。例如：

putchar('\101');   /*输出结果为字母：A   */
putchar('\'');   /*输出结果为单引号：' */
putchar('\"');   /*输出结果为双引号：" */

注意：使用该函数时必须要用文件包含命令#include <stdio.h>。

3.3.2 getchar 函数

功能：从键盘（或系统默认的输入设备）输入一个字符，一般格式为：
ch=getchar();

例如：
char x ;
x=getchar();
putchar(x);

运行结果：
A✓（通过键盘输入'A'，按 Enter 键）
A （输出变量 x 的值'A'）

使用 getchar 函数时应注意以下问题：
（1）getchar()函数没有参数。
（2）该函数只能接收一个字符。
（3）使用函数前需加上文件包含命令#include<stdio.h>。

3.4 程 序 举 例

例 3.1 设有以下程序：
```
#include<stdio.h>
void main()
{
   char c1,c2,c3,c4,c5,c6;
   scanf("%c%c%c%c",&c1,&c2,&c3,&c4);
   c5=getchar();
   c6=getchar();
   putchar(c1);
   putchar(c2);
   printf("%c%c\n",c5,c6);
}
```
若运行时从键盘输入数据：

abc<回车>

defg<回车>

则输出结果是（　　）。

A. abcd　　　　　　B. abde　　　　　　C. abef　　　　　　D. abfg

【解析】本题中，将 a 赋给 c1，b 赋给 c2，c 赋给 c3，将回车符赋给 c4，将 d 赋给 c5，将 e 赋给 c6。因此，本题的输出结果是 abde。

例 3.2 编写程序，输入某位同学 3 门课的成绩，计算该生的总分及平均成绩。保留平均值小数点后一位数，对小数点后第二位数进行四舍五入，最后输出结果。

```
#include <stdio.h>
void main()
{
    int   s1,s2,s3,sum=0,
    float  ave;
    printf("请输入 3 整数个成绩:");
    scanf("%d,%d,%d",&s1,&s2,&s3);
    sum=s1+s2+s3;
    ave=sum/3.0;
    printf("总和=%d,平均值=%.1f \n",sum,ave)
}
```

以下是程序运行情况：

请输入 3 整数个成绩：88,65,76 ✓

总和=229,平均值=76.3

例 3.3 输入三角形的三边长，求三角形的面积。

分析：根据数学知识可知求三角形的面积公式为：

$$area = \sqrt{s(s-a)(s-b)(s-c)}$$

其中，$s=(a+b+c)/2$。

程序如下：

```
#include<stdio.h>
#include<math.h>
void main()
{
    float a,b,c,s,area;
    scanf("%f,%f,%f ",&a,&b,&c);
    s=(a+b+c)/2;
    area=sqrt(s*(s-a)*(s-b)*(s-c));   /*调用函数库中求平方根函数 sqrt()*/
    printf("a=%.2f\nb=%.2f\nc=%.2f\narea=%.2f\n ",a, b, c, area);
}
```

运行情况如下：

3，4，6✓

```
a=3.00
b=4.00
c=6.00
area=5.33
```

例 3.4 从键盘输入一个大写字母，要求改用小写字母输出。

```
#include <stdio.h>
void main()
{
    char c1,c2;
    c1=getchar();
    printf("%c,%d\n ",c1,c1);
    c2=c1+32;
    printf("%c,%d\n ",c2,c2);
}
```

运行情况如下：
A↙
A,65
a,97

练 习 题

1. 选择题

（1）有以下程序段
```
char ch;
int k;
ch='a';
k=12;
printf("%c,%d,",ch,ch);
printf("k=%d\n",k);
```
已知字符 a 的 ASCII 码值为 97，则执行上述程序段后输出结果是（　　）。
A. a,a,12　　　　　B. 97,97,k=12　　　　C. a,97,12　　　　D. a,97,k=12

（2）有以下程序：
```
#include <stdio.h>
void main()
{
    int x=10,y=3;
    printf("%d\n",y=x/y);
}
```
执行后的输出结果是（　　）。

A. 0 　　　　　B. 1 　　　　　C. 3 　　　　　D. 不确定的值

（3）下列语句输出结果是（　　）。
```
int a=1,b=1,c=1; a=a+b+c; printf("%d",a);
```
A. 3 　　　　　B. 4 　　　　　C. 5 　　　　　D. 6

（4）下列程序的输出结果是（　　）。
```
void main()
{
    double d=3.2;
    int x,y;
    x=1.2;
    y=(x+3.8)/5.0;
    printf("%d",d*y);
}
```
A. 3 　　　　　B. 3.2 　　　　C. 0 　　　　　D. 3.07

（5）以下不能输出字符 A 的语句是（　　）。（注：字符 A 的 ASCII 码值为 65，字符 a 的 ASCII 码值为 97）
A. `printf("%c\n",'a'-32);` 　　　　B. `printf("%d\n",'A');`
C. `printf("%c\n",65);` 　　　　　　D. `printf("%c\n",'B'-1);`

（6）已知字母 A 的 ASCII 码是 65，以下程序的执行结果是（　　）。
```
#include <stdio.h>
void main()
{
    char c1='A',c2='Y';
    printf("%d,%d\n",c1,c2);
}
```
A. A,Y 　　　　B. 65,65 　　　　C. 65,90 　　　　D. 65,89

（7）有以下程序
```
#include <stdio.h>
void main()
{
    char c1,c2;
    c1='A'+'8'-'4';
    c2='A'+'8'-'5';
    printf("%c,%d\n",c1,c2);
}
```
已知字母 A 的 ASCII 码为 65，程序运行后的输出结果是（　　）。
A. E,68 　　　　B. D,69 　　　　C. E,D 　　　　D. 输出无定值

（8）阅读以下程序，当输入数据的形式为 25,13,10，正确的输出为（　　）。
```
#include <stdio.h>
void main()
```

```
    {
        int x,y,z;
        scanf("%d,%d,%d",&x,&y,&z);
        printf("x+y+z=%d\n",x+y+z);
    }
```
  A. x+y+z=48 B. x+y+z=35 C. x+z=35 D. 不确定值

（9）阅读以下程序，当输入数据的形式为 25、13、10，正确的输出结果为（　　）。
```
#include <stdio.h>
void main()
{
    int x,y,z;
    scanf("%d%d%d",&x,&y,&z);
    printf("x+y+z=%d\n" ,x+y+z);
}
```
  A. x+y+z=48 B. x+y+z=35 C. x+z=35 D. 不确定值

（10）printf 函数中格式符%5s，数字 5 表示输出的字符串占用 5 列。如果字符串长度大于 5，则输出按方式（　　）。
  A. 从左起输出该字符串，右补空格 B. 按原字符串长从左向右全部输出
  C. 右对齐输出该字符串，左补空格 D. 输出错误信息

（11）若变量已正确定义为 int 型，要通过语句 scanf("%d,%d,%d ",&a,&b,&c) 给 a 赋值 1，给 b 赋值 2，给 c 赋值 3，以下输入形式中错误的是（　　）。
  A. ␣␣1,2,3<回车> B. 1␣2␣3<回车>
  C. 1,␣␣2,␣␣3<回车> D. 1,2,3<回车>

（12）根据下面的程序及数据的输入方式和输出形式，程序中输入语句的正确形式应该为（　　）。
```
#include <stdio.h>
void main()
{
    char ch1,ch2,ch3;
    输入语句
    printf("%c%c%c",ch1,ch2,ch3);
}
```
输入形式：A␣B␣C
输出形式：A␣B
  A. scanf("%c%c%c",&ch1,&ch2,&ch3); B. scanf("%c,%c,%c", &ch1,&ch2,&ch3);
  C. scanf("%c %c %c",&ch1,&ch2,&ch3); D. scanf("%c%c",&ch1,&ch2,&ch3);

（13）若有定义和语句 int a,b;scanf("%d,%d",&a,&b);，以下选项中的输入数据，不能把值 3 赋给变量 a、5 赋给变量 b 的是（　　）。
  A. 3,5, B. 3,5,4 C. 3␣5 D. 3,5

（14）有以下程序

```
#include <stdio.h>
void main()
{
    int a1,a2;char c1,c2;
    scanf("%d%c%d%c",&a1,&c1,&a2,&c2);
    printf("%d,%c,%d,%c",a1,c1,a2,c2);
}
```
若想通过键盘输入，使得 a1 的值为 12，a2 的是为 34，c1 的值为字符 a，c2 的值为字符 b，程序输出结果是 12,a,34,b,，则正确的输入格式是（   ）。

A. 12a34b   B. 12␣a␣34␣b   C. 12,a,34,b   D. 12␣a34␣b

（15）已知字母 A 的 ASCII 码是 65，以下程序的执行结果是（   ）。
```
#include <stdio.h>
void main( )
{
    char c1='A';
    printf("%d\n",c1+3);
}
```
A. 65   B. 66   C. 67   D. 68

（16）以下针对 scanf 函数的叙述中，正确的是（   ）。
A. 输入项可以为一实型常量，如 scanf("%f",3.5);
B. 只有格式控制，没有输入项，也能进行正确输入，如 scanf("a=%d,b=%d");
C. 当输入一个实型数据时，格式控制部分应规定小数点后的位数，如 scanf("%4.2f",&f);
D. 当输入数据时，必须指明变量的地址，如 scanf("%f",&f);

（17）有如下语句 scanf("a=%d,b=%d,c=%d",&a,&b,&c)，为使变量 a 的值为 1，b 的值为 3，c 为 2，从键盘输入数据的正确形式为（   ）。

A. 132   B. 1,3,2
C. a=1␣b=3␣c=2   D. a=1,b=3,c=2

（18）有以下程序：
```
#include <stdio.h>
void main()
{
    int m,n,p;
    scanf("m=%dn=%dp=%d",&m,&n,&p);
    printf("%d%d%d\n",m,n,p);
}
```
若想从键盘上输入数据，使变量 m 中的值为 123，n 中的值为 456，p 中的值为 789，则正确的输入是（   ）。

A. m=123n=456p=789   B. m=123␣n=456␣p=789
C. m=123,n=456,p=789   D. 123 456 789

（19）下面程序运行时，输入 12345678，结果是（   ）。

```
#include <stdio.h>
void main()
{
    int a,b;
    scanf("%2d%*2d%2d",&a,&b);
    printf("%d",a+b);
}
```
A. 46   B. 57   C. 68   D. 出错

(20) 有以下程序，若输入 d，则输出结果为（   ）。
```
#include <stdio.h>
void main()
{
    char c,d;
    c=getchar();
    d=c-33;
    printf("%d,%c",c,d);
}
```
A. 100,D   B. 100,c   C. 99,C   D. 100,C

2. 判断题（对的在题后的括号里打"√"，错的打"×"）

（1）执行下列语句后的输出结果是 46。（   ）
`int x=46;  printf("%2d",x);`

（2）执行以下程序时输入 1234567，则输出结果是 12␣34。（   ）
```
#include <stdio.h>
void main()
{
    int a=1,b;
    scanf("%2d%2d",&a,&b);
    printf("%d␣%d\n",a,b);
}
```

（3）有以下程序：
```
#include <stdio.h>
void main()
{
    char c1,c2;
    c1=getchar();
    c2=c1+32;
    printf("%c,%d\n",c2,c2);
}
```
在执行时输入 AB，运行后则屏幕显示的是 b,97。（   ）

(4) 有以下程序段：
```
int i=-200,j=2500;
printf("(1)%d,%d,",i,j);
printf("(2)i=%d,j=%d\n",i,j);
```
上面程序段的输出结果有 2 行。(   )

(5) 设有以下程序，执行程序时输入如下信息：
Enter x,y,z: 5.1 6.2 4.4
```
#include <stdio.h>
void main()
{
    double x,y,z,w;
    printf("Enter x,y,z:");
    scanf("%lf%lf%lf",&x,&y,&z);
    w=(x+y+z)/3;
    printf("x,y,z 的平均值是:%.1f\n",w);
}
```
则程序的运行结果是"x,y,z 的平均值是：5.2"。(   )

(6) 以下程序运行后的输出结果是 200010。(   )
```
#include <stdio.h>
void main()
{
    int a=200, b=010;
    printf("%d%d\n",a,b);
}
```

(7) 假设有 int k=1234，则 printf("%2d\n",k)的输出结果是 1234。(   )

(8) 有以下程序（说明：字符 0 的 ASCII 码值为 48）
```
#include <stdio.h>
void main()
{
    char c1,c2;
    scanf("%d",&c1);
    c2=c1+9;
    printf("%c%c\n",c1,c2);
}
```
若程序运行时从键盘输入 48，则输出结果为 4857。(   )

(9) 执行语句 scanf("%2d %*3d %2d",&a,&b)时，如果输入如下信息：
12␣34␣67
运行后则变量 b 的值为 67。(   )

(10) 有定义 float x=123.456，则语句 printf("%f",x) 的输出结果为 123.456。(   )

(11) 有定义 int k=1234，则语句 printf("%6d\n",k) 的输出结果为␣␣1234。(   )

（12）有定义 float f=123.456，则语句 printf("%12f\n",f) 的输出结果为␣123.456000。(　　)

（13）有定义 float f=123.456，则语句 printf("%12.6f\n",f) 的输出结果为␣123.456。
(　　)

（14）命令 putchar('A') 的输出结果为字母 A。(　　)

（15）命令 putchar(97) 的执行结果为 97。(　　)

第4章 选择结构

 学习目标

熟练并灵活运用 if 语句、switch 语句的使用格式，学会使用选择结构设计程序，了解条件运算符和条件表达式的使用。

 学习要求

- 掌握 if 语句和 switch 语句的定义和使用。
- 了解条件运算符和条件表达式的使用。

选择结构是结构化程序设计的 3 种基本结构之一，它的执行要根据所给定的条件，决定从给定的两种或多种操作中选择其中的一种来执行。

在 C 语言中，实现选择结构的语句有 if 语句和 switch 语句两种。

4.1 if 语 句

4.1.1 if 语句的 3 种基本形式

使用 if 语句判断给定的条件是否满足，根据判断结果值的真假来决定执行哪个分支程序段。C 语言中 if 语句有 3 种基本形式：单分支 if 语句、双分支 if 语句以及多分支 if 语句。

1. 单分支 if 语句

一般格式为：

if（表达式）语句；

单分支 if 语句的基本功能是：首先判断表达式的值是否为真（非 0），如果为真，则执行语句，如果为假（0），不执行该语句，继续执行 if 语句的下一条语句。执行过程如图 4.1 所示。

例如：
```
int x;
scanf("%d",&x);
if(x%2==0) printf("是偶数");
```
功能：当 x 除以 2 等于 0 时，输出"是偶数"。

说明：

（1）if 之后的表达式必须用括号，表达式可以是关系表达式、逻辑表达式以及数值等。

（2）如果表达式为真，其后要执行的语句有多条，必须采用复合语句形式，即用花括号{}把要执行的多条语句括起来。

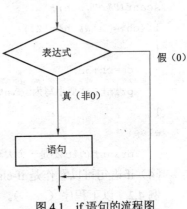

图 4.1 if 语句的流程图

例 4.1 已知 int x=10,y=20,z=30;，执行以下 3 段语句后，x、y、z 的值是什么？

（1）if(x<y)　　　　　（2）if(x<y);　　　　　（3）if(x<y)
　　　z=x;x=y;y=z;　　　　　z=x;x=y;y=z;　　　　　{z=x;x=y;y=z;}

结果：（1）_____（2）_____（3）_____。

【解析】第（1）段语句中 z=x;x=y;y=z; 3 条语句并未用花括号括起来，则 if 语句只控制后面最近的一条语句；第（2）段语句中 if(x<y)后加了分号，说明如果 if 语句成立，执行空语句；第（3）段语句中 if 后 3 条语句加了{}，说明 if 语句可以控制{}中的 3 条语句。

2. 双分支 if 语句

一般格式：
```
if (表达式)语句1;
else    语句2;
```

此种语句形式又称 if-else 形式，它的执行过程是：先判断表达式的值是否为真（非 0），如果表达式的值为真，则执行语句 1，否则执行语句 2。无论表达式的值为真或假，语句 1 和语句 2 二者必须且只能执行其一，然后接着执行 if 语句的下一条语句。如图 4.2 所示。

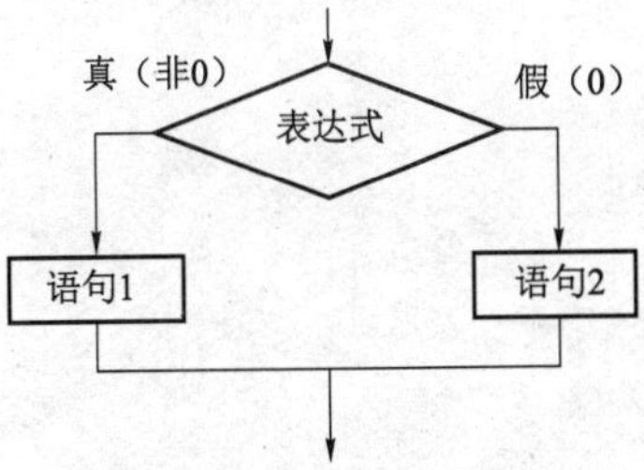

图 4.2 if-else 语句的流程图

例如：
```
int x;
scanf("%d",&x);
if(x%2==0)printf("是偶数");
else printf("是奇数");
```
功能：当 x 除以 2 等于 0 时，输出"是偶数"；否则输出"是奇数"。

说明：

（1）if 和 else 语句并不是两个语句，它们属于同一个语句。else 子句不能作为独立语句使用，它必须是 if 语句的一部分，即与 if 语句配对使用。

（2）if 和 else 之后的执行语句如果为多条语句，同样需要使用复合语句的形式。

（3）在 C 语言中，每个 else 前面都有一个分号，整个语句结束后有一个分号。但如果 else 前是一个复合语句，则 else 之前的大括号"}"外面不需要再加分号。例如：
```
char ch;
```

```
    scanf("%c",&ch);
    if(ch>='A'&&ch<='Z')
    {
        ch=ch+32;
        printf("变小写为%c\n",ch);
    }
    else
        printf("%c 不是一个大写字母\n",ch);
```
（4）if 语句可以看作是 if-else 语句没有 else 子句的特殊形式。

例 4.2 以下程序（   ）。
```
#include<stdio.h>
void main()
{
    int a=0,b=0,c=0;
    if(a=b+c)printf("***\n ");
    else printf("$$$\n ");
}
```
A. 有语法错误，不能通过编译　　　B. 可以通过编译但不能通过连接
C. 输出***　　　　　　　　　　　　D. 输出$$$

【解析】本题中，if 语句中的条件表达式 a=b+c 是赋值语句，将 b+c 的结果 0 赋给变量 a。则该条件表达式的值为假，因此输出的结果是"$$$"。

思考：（1）将 a=b+c 改为 a==b+c，则本题的结果是什么？

（2）将 printf("***\n") 语句后的分号删除，即改为 printf("***\n")，本题的结果是什么？

例 4.3 输入两个整数，输出其中较大的数。
```
#include<stdio.h>
void main()
{
int a,b,max;
    printf("请输入两个整数：");
    scanf("%d%d",&a,&b);
    if(a>b)
        max=a;
    else
        max=b;
    printf("较大的数是%d\n",max);
}
```

3. 多分支 if 语句

一般格式：

if(表达式1)语句1；

```
else if(表达式2)语句2；
    ⋮
else if(表达式n)语句n；
else 语句n+1；
```

此种形式又称为 if-else-if 形式，其执行过程为：依次判断 if 后面的表达式的值，如果某个表达式的值为真，则执行其后面对应的语句，不再执行其他语句；如果所有的表达式均为假，则执行最后一个 else 后面的第 n+1 条语句。如图 4.3 所示。

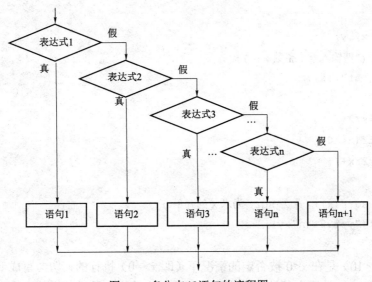

图 4.3 多分支 if 语句的流程图

说明：
（1）else 和 if 之间要有空格，如果有一个表达式满足条件，则程序执行其后的分支语句，其他分支语句不再执行。
（2）当多分支有多个表达式同时满足条件时，则只执行第一个与之匹配的语句，因此，多分支语句中条件表达式的书写顺序至关重要。

例 4.4 有以下程序，输出结果是（   ）。

```
#include<stdio.h>
void main()
{
    float x=2.0,y;
    if(x<0.0) y=0.0;
    else if(x<10.0) y=1.0/x;
    else y=1.0;
    printf("%f\n",y);
}
```

【解析】 本题中 x 的值为 2.0，小于 10.0，因此 y=1.0/2.0，结果为 0.5。以%f 的格式输出，会自动输出 6 位小数，因此结果为 0.500000。

例 4.5 有一个函数如下，编写一程序，输入一个 x 的值，输出相应的 y 值。

$$y = \begin{cases} x/2 & x<0 \\ 2x+1 & 0 \leqslant x \leqslant 10 \\ \sqrt{x} & x>10 \end{cases}$$

程序如下：

```
#include<stdio.h>
#include<math.h>
void main()
{
    float x, y;
    printf("请输入一个整数x:");
    scanf("%f",&x);
    if(x<0)
        y=x/2;
    else if(x<10)
        y=2*x+1;
    else
        y=sqrt(x);     /*sqrt 为求 x 的开平方*/
    printf("y=%.2f\n",y);
}
```

其中，if（x<10）是在 x<0 被否定的情况下（即 x>=0）执行的，切勿写成 if（0<=x<=10）；y=sqrt（x）是在 x<10 被否定的情况下（即 x>=10）执行的；最后一个 else 之后无须再写 if。

4.1.2　嵌套的 if 语句

在 4.1.1 节介绍了 3 种基本的 if 语句，其中在 if-else 及条件表达式后的执行语句可以是任意合法的 C 语句，如果这里的执行语句又是 if-else 语句，显然是可以的，这样就构成了嵌套的 if 语句，内嵌的 if 语句可以嵌套在 if 子句中，也可以嵌套在 else 子句中。

嵌套的 if 语句一般形式如下：

```
if(表达式)
    内嵌的 if 语句 1;
else
    内嵌的 if 语句 2;
```

C 语言的语法规定：else 总是与前面最近的一个未配对的 if 相结合。

例 4.6　有如下程序，若输入"1,2,3"，输出结果是（　　），若输入"3,-1,2"，输出结果是（　　），若输入"-2,-1,3"，输出结果是（　　）。

```
#include<stdio.h>
void main()
{
    int a,b,c;
```

```
    scanf("%d,%d,%d",&a,&b,&c);
    if(a<b)
        if(b<0)c=0;
        else c++;
    printf("%d\n",c);
}
```

【解析】本题的选择结构是一个嵌套的 if 结构。根据 else 的配对原理，else 和离它最近的一个未配对的 if 配对，因此，外层的 if 语句没有相应的 else 语句。题目中，a<b 的条件不满足，没有相应的 else 语句执行。输入 1,2,3 时，执行的是 c++，因此 c 值为 4；输入 3,–1,2 时 a<b 不成立，没有执行 if 中语句，因此 c 值还是 2；输入–2,–1,3 时，执行 c=0，因此 c 值为 0。

例 4.7 当 a=1,b=3,c=5,d=4 时，执行以下程序段后 x 的值是_____。

```
if(a<b)
    if(c<d)x=1;
    else
      if(a<c)
        if(b<d)x=2;
        else x=3;
      else x=6;
else x=7;
```

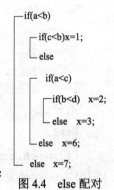

图 4.4 else 配对

【解析】首先分析本题的 else 配对问题，如图 4.4 所示。

题目中 a<b 为真，接着判断 c<d 为假，程序则执行判断 a<c 的语句，a<c 为真，接着判断 b<d 为真，因此，x 的值为 2。

4.2 switch 语句

多分支选择结构可以用嵌套的 if 语句（if-else-if 语句）来进行处理，但是如果分支较多，则嵌套的 if 语句层数较多，程序变得冗长，降低了程序的可读性。在 C 语言中，还提供了另一种用于多分支选择的 switch 语句，其一般形式为：

```
switch(表达式)
{
    case 常量表达式1： 语句段1; break;
    case 常量表达式2： 语句段2; break;
    …
    case 常量表达式n： 语句段n; break;
    default:  语句段n+1;
}
```

它的执行过程是：先计算 switch 后括号内表达式的值，然后在 switch 语句体内逐个与 case 后的常量表达式值相比较，如果当表达式的值与某个 case 后面常量表达式的值相等时，就执行该 case 语句后面的语句，遇到 break 语句时跳出 switch 语句；当所有 case 的值都不匹配时，则执行 default 后的语句。如图 4.5 所示。

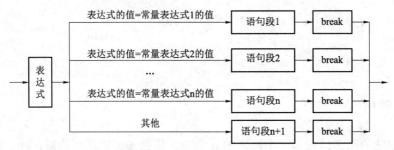

图 4.5 switch 语句的流程图

例如，有以下程序段：
```
int x=2,y;
switch(x)
{
    case 1: y=1; break;
    case 2: y=2; break;
    case 3: y=3; break;
    default: y=100;
}
```
由于 x=2，从 case 2 处开始执行，遇到第一个 break 跳出 switch 语句，结果为 y=2。

说明：

（1）switch、case 和 defualt 均是 C 语言中的关键字，switch 后面花括号内的部分称为 switch 语句体。switch 后面括号内表达式为整型表达式或者字符型表达式，不能是实数类型。

（2）在 case 后必须是常量或者常量表达式，且其值不能相同，否则会出现矛盾。

（3）case 后面的语句可以是多条语句。

（4）各 case 语句后的 break 语句可以省略：如果没有 break 语句，switch 结构内的各个 case 语句会顺序执行；"case 常量表达式"仅是起到语句标号的作用，并不在此处进行条件判断，一旦找到匹配的入口标号，即 switch 后的表达式的值与 case 后的常量表达式的值相等，程序便从此入口标号执行下去，不再进行判断，一直到 switch 语句结束。例如，有以下程序段：
```
int x=2,y;
switch(x)
{
  case 1: y=1;
  case 2: y=2;
  case 3: y=3;
  default: y=100;
}
```
由于 x=2，则从 case 2 处开始执行，但因为每条语句后没有 break 语句，所以一直执行到最后：y=100。

（5）多个 case 可以共用一组执行语句。例如有以下程序：
```
int x=1,y;
switch(x)
```

```
{
  case 1:
  case 2: y=2;break;
  case 3: y=3;break;
  default: y=100;break;
}
```
当 x 等于 1 或 2 时，y=2。

例 4.8 有以下程序，输出结果是（　　）。
```
#include<stdio.h>
void main()
{
  int x=1,a=0,b=0;
  switch(x)
  { case 0: b++;
    case 1: a++;
    case 2: a++;b++;
  }
printf("a=%d,b=%d\n",a,b);
}
```
【解析】本题中，x 值为 1，因此执行 a++，接着执行下面的 a++;b++;语句。因此，本题的答案是 a=2,b=1。

例 4.9 以下程序段的结果是（　　）。
```
int x=1,y=0;
switch(x)
{ case 1:
    switch(y)
    {
      case 0: printf("**1**\n");break;
      case 1: printf("**2**\n");break;
    }
  case 2: printf("**3**\n");
}
```
【解析】本题中的选择结构采用了嵌套的 switch 语句。x 的值为 1，继续判断 y 的值，y 的值为 0，因此程序执行 printf("**1**\n") 语句，执行 break 语句，程序跳出内层 switch 结构；接着执行 printf("**3**\n") 语句。因此，本题的答案为：
1
3

例 4.10 用 switch 语句完成以下功能：输入一个百分制整数成绩，如果成绩为 90～100，则等级为 A；如果成绩为 80～89，则等级为 B；如果成绩为 70～79，则等级为 C；如果成绩为 60～69，则等级为 D；如果成绩为 0～59，则等级为 E。

程序如下：
```
#include <stdio.h>
void main()
{
    int score;
    printf("请输入一个整数成绩: ");
    scanf("%d",&score);
    if(score>100||score<0) printf("输入错误。\n");
    else
     switch(score/10)
     {
       case 10:
       case 9:    printf("等级为 A\n");break;
       case 8:    printf("等级为 B\n");break;
       case 7:    printf("等级为 C\n");break;
       case 6:    printf("等级为 D\n");break;
       default:   printf("等级为 E\n");
     }
}
```

在此程序中，switch 后面的表达式使用的是 score/10，这样就可以巧妙地将成绩分段，当然之前也可以定义 int grade=score/10，然后使用 switch（grade）。在这里，case 10 和 case 9 共用一组执行语句。

4.3 条件运算符和条件表达式

除使用 if 和 switch 语句构成选择结构外，C 语言还提供了条件表达式来实现简单的选择结构，它是由条件运算符来构成的，常用于当被判别的表达式为"真"或"假"时，都向同一个变量赋值的情况。这样可以使得程序简洁，也提高了运行效率。

条件运算符有两个运算符，它们是"?"和":"，它是一个三目运算符，即要求有 3 个参与运算的对象，是 C 语言中唯一的三目运算符。

条件表达式的一般形式如下：

表达式 1 ？表达式 2 ：表达式 3；

它的执行过程为：先求表达式 1 的值，若表达式 1 的值为真，则求解表达式 2，此时把表达式 2 的值作为整个条件表达式的值，若表达式 1 的值为假，则求解表达式 3，此时以表达式 3 的值作为整个条件表达式的值。

例如条件语句：

    if(a>b) max=a;
    else   max=b;

可用条件表达式写为

    max=(a>b)?a:b;

说明：

（1）条件运算符的运算优先级低于关系运算符和算术运算符，但优于赋值运算符。

例如：

max=(a>b)?a:b;

因为关系运算符的优先级高于条件运算符，因此括号可以去掉，可写成：

max=a>b?a:b;

又因为条件运算符的优先级高于赋值运算符，因此首先求出条件表达式的值，然后再赋给max。

（2）条件运算符中"?"和":"是一对运算符，不能分开单独使用。

（3）条件运算符的结合方向是自右至左。

例4.11 若运行时变量x输入12，则以下程序的运行结果是（   ）。

```
void main()
{
    int x,y;
    scanf("%d",&x);
    y=x>12?x+10:x-12;
    printf("%d\n",y);
}
```

【解析】x的值为12，x>12为假，因此条件表达式的值是x-12的值0，y的值即为0。因此，本题的答案为0。

例4.12 以下程序的输出结果是（   ）。

```
void main()
{
    int k=4,a=3,b=2,c=1;
    printf("\n%d\n",k<a?k:c<b?c:a);
}
```

【解析】本题中的条件表达式是一个嵌套形式。因为条件运算符的结合性是自右向左，因此k<a?k:c<b?c:a相当于k<a?k:（c<b?c:a）。先执行k<a，结果为假，再执行c<b?c:a表达式。因此本题的结果是1。

例4.13 输入一个字符，如果是大写字母，则转化成相应的小写字母，如果不是，则不转换，最后输出字符。

程序如下：

```
#include <stdio.h>
void main()
{
    char ch;
    printf("请输入一个字符：");
    scanf("%c",&ch);
    ch=(ch>='A'&&ch<='Z')?(ch+32):ch;
    printf("%c",ch);
}
```

练 习 题

1. 选择题

（1）以下关于 if 语句的说法正确的是（　　）。
A. if 语句不能表示多分支语句　　　　B. else 可以不和 if 语句配对，单独使用
C. if 语句中可以嵌套 if 语句　　　　　D. if 语句是顺序语句

（2）用 if 语句能表示 –1<=a<=1 的判断语句是（　　）。
A. if(-1<=a<=1)　　　　　　　　　　B. if(-1<=a&&a<=1)
C. if(-1<=a || a<=1)　　　　　　　　D. if(-1<=a&a<=1)

（3）有以下程序：
```
#include <stdio.h>
void main()
{
    int a,b,min;
    scanf("%d,%d",&a,&b);
    if(a>b)____;
    else_____;
    printf("%d",min);
}
```
该程序的功能是输入两个整数赋值给变量 a 和 b，求较小的数并输出，程序中的两处下划线处应该分别填写（　　）。
A. min=a 和 min=b　　　　　　　　　B. min=b 和 min=a
C. a=b 和 min=b　　　　　　　　　　D. b=a 和 min=a

（4）有以下程序段：
```
int a=9;
if(a%2==0)printf("yes");else printf("no");
```
程序输出（　　）。
A. yes　　　　B. no　　　　C. 编译错误　　　　D. 什么也不输出

（5）对下面 3 条语句（其中 s1 和 s2 为内嵌语句），正确的论断是（　　）。
① if(a)s1;　else s2;
② if(a==2)s2;else s1;
③ if(a!=0)s1;else s2;
A. 三者相互等价　　　　　　　　　　B. ①和②等价，但与③不等价
C. 三者互不等价　　　　　　　　　　D. ①和③等价，但与②不等价

（6）运行以下程序后，输出（　　）。
```
#include <stdio.h>
void main()
{
```

```
    int k=-3;
    if(k<0)printf("****\n")
    else    printf("&&&&\n");
}
```
A. **** B. &&&&
C. ####&&&& D. 有语法错误

（7）以下程序的运行结果是（   ）。
```
#include <stdio.h>
void main()
{
    int m=5;
    if(m++>5)printf("%d\n",m);
    else    printf("%d\n",m--);
}
```
A. 4 B. 5 C. 6 D. 7

（8）下程序的功能是判断输入的一个整数是否能被3或7整除，若能整除，输出"YES"，否则，输出"NO"。在下划线处应填入的选项是（   ）。
```
#include <stdio.h>
void main()
{   int  k;
    printf("Enter a int number : "); scanf("%d", &k);
    if _____  printf("YES\n");
    else printf("NO\n");
    printf("%d\n",k%3);
}
```
A. ((k%3==0)||(k%7==0)) B. (k/3==0)||(k/7==0)
C. ((k%3=0)||(k%7=0)) D. ((k%3==0)&&(k%7==0))

（9）有以下程序：
```
#include <stdio.h>
void main()
{
    int a=0,b=0,c=0,d=0;
    if(a=1)b=1;c=2;
    else d=3;
    printf("%d,%d,%d,%d\n",a,b,c,d);
}
```
程序输出（   ）。
A. 0,1,2,0 B. 0,0,0,3 C. 1,1,2,0 D. 编译有错

（10）有以下程序：
```
#include <stdio.h>
```

```
void main()
{
   int x=1,y=2,z=3;
   if(x>y)
    if(y>z)printf("%d",++z);
    else    printf("%d",++y);
   printf("%d\n",x++);
}
```
程序运行的结果是（　　）。

A. 331　　　　　　B. 41　　　　　　C. 2　　　　　　D. 1

（11）设 int i=10,j=11,k=12,x=0;，执行下面语句后，x=（　　）。
```
if(i>5)
  if(j>100)
    if(k>11)x=3;
    else x=4;
  else x=5;
```
A. 0　　　　　　B. 3　　　　　　C. 4　　　　　　D. 5

（12）若变量已正确定义，有以下程序段：
```
int a=3,b=5,c=7;
if(a>b)a=b; c=a;
if(c!=a)c=b;
printf("%d,%d,%d\n",a,b,c);
```
其输出结果是（　　）。

A. 程序段有语法错　　B. 3，5，3　　C. 3，5，5　　D. 3，5，7

（13）有以下程序：
```
#include <stdio.h>
void main()
{
   int x;
   scanf("%d",&x);
   if(x<=3);
     else if(x!=10)
   printf("%d\n",x);
}
```
程序运行时，输入的值（　　）才会有输出结果。

A. 不等于 10 的整数　　　　　　　　B. 大于 3 且不等于 10 的整数
C. 大于 3 或等于 10 的整数　　　　　D. 小于 3 的整数

（14）以下叙述中正确的是（　　）。

A. if 语句只能嵌套一层

B. if 子句和 else 子句中可以是任意的合法的 C 语句

C. 不能在 else 子句中再嵌套 if 语句
D. 改变 if-else 语句的缩进格式，会改变程序的执行流程

（15）下列叙述中正确的是（　　）。
A. break 语句只能用于 switch 语句
B. 在 switch 语句中必须使用 default
C. break 语句必须与 switch 语句中的 case 配对使用
D. 在 switch 语句中，不一定使用 break 语句

（16）在 C 语言中，switch 语句后的一对圆括号中表达式的类型（　　）。
A. 可以使任何类型　　　　　　　B. 只能为 int 型
C. 可以是整型或字符型　　　　　D. 只能是整型或实型

（17）若有以下定义：
float x;　 int a,b;
则正确的 switch 语句是（　　）。

A. switch(x)
　{ case 1.0: printf("*\n");
　　case 2.0: printf("**\n"); }

B. switch(x)
　{ case 1,2: printf("*\n");
　　case 3:　 printf("**\n"); }

C. switch(a+b)
　{ case 1: printf("*");
　　case 1+2:printf("**\n"); }

D. switch(a+b)
　{ case 1: printf("*\n");
　　case 2:printf("**\n"); }

（18）有以下程序：
```
#include <stdio.h>
void main()
{
    int   x=1,y=0,a=0,b=0;
    switch(x)
    {
      case 1:
          switch(y)
          {
            case 0: a++; break;
            case 1: b++; break;
          }
      case 2: a++; b++; break;
      case 3: a++; b++;
```

```
        printf("a=%d,b=%d\n",a,b);
}
```
程序的运行结果是（   ）。
   A. a=1,b=0   B. a=2,b=2   C. a=1,b=1   D. a=2,b=1

(19) 若整型变量a、b、c、d中的值依次为1、4、3、2。则条件表达式 a<b?a:c<d?c:d 的值是（   ）。
   A. 1   B. 2   C. 3   D. 4

(20) 以下程序段中与语句 k=a>b?(b>c?1:0):0 功能等价的是（   ）。
   A. if((a>b)&&(b>c)) k=1;   B. if((a>b)||(b>c)) k=1;
      else k=0;
   C. if(a<=b) k=0;   D. if(a>b) k=1;
      else if(b<=c) k=1;   else if(b>c) k=1;
                                        else k=0;

(20) 以下程序的功能是：输出a、b、c 3个变量中的最小值，请填空。
```
#include<stido.h>
void main()
{
 int a,b,c,t1,t2;
 scanf("%d%d%d",&a,&b,&c);
 t1=a<b?(    );
 t2=c<t1?(    );
 printf("%d\n",t2);
}
```
   A. a:b 和 c:t1   B. b:a 和 t1:c   C. b 和 t1   D. a else b 和 c else t1

2. 判断题（对的在题后的括号里打"√"，错的打"×"）

(1) C语言规定，else子句总是与它上面的最近的if配对。（   ）
(2) if(a>0); 不能看作是一条合法的条件语句。（   ）
(3) if 语句后面的表达式只能是关系表达式。（   ）
(4) 判断整型变量a即是5又是7的整数倍的C表达式是if(a%5==0&&a%7==0)。（   ）
(5) 在if语句中，else前一个语句可不加;。（   ）
(6) 在C语言中，将语句 if(x==5);写成 if(x=5);将导致编译错误。（   ）
(7) 在switch语句中必须使用break语句。（   ）
(8) switch语句中，case后可以为变量。（   ）
(9) switch语句中，case后可的各常量表达式的值不能相同，否则会出现矛盾。（   ）
(10) int a=2,b=3; 执行完 a>b?a++:b--后，a的值为3。（   ）

第 5 章　循环结构

学习目标

本章主要学习 while 语句、do-while 语句、for 语句等循环语句以及 continue、break 等循环控制语句。

学习要求

- 掌握各种常用循环语句以及循环控制语句的使用方法。
- 了解循环的多层嵌套。

循环结构是结构化程序设计的 3 种基本结构之一，也是程序中使用最多的一种控制结构。许多问题的求解都需要重复执行某种操作，此时应采用循环结构来完成。用循环结构来处理各种重复操作既简单又方便，它与顺序结构、选择结构都是各种复杂程序的基本构造单元。C 语言提供了 4 种可以构成循环结构的循环语句，其中 while、do-while 和 for 语句是最基本最常用的语句。

5.1　用 while 语句构成循环

while 语句用来实现当满足某个条件时，反复执行某一程序段，因此也称为"当型"循环。while 循环的一般形式为：

```
while(表达式)
   循环体语句；
```

它的执行过程是：先计算表达式的值，当值为真（非 0）时，执行一次循环体语句，然后返回再判断表达式的值；当值为假（0）时，退出 while 循环。如图 5.1 所示。

例如：
```
int x;
```

```
scanf("%d",&x);
while(x>0)
{
    x=x-1;
    printf("%d",x);
}
```

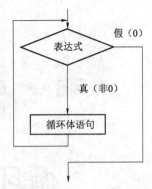

图 5.1 while 语句的流程图

说明：

（1）while 循环的特点是先判断循环条件，再执行循环语句。while 后面表达式的值决定了是否执行循环体，当表达式一开始就为 0 时，while 语句循环体就一次也不执行。

（2）循环体如果包含多个语句，应该用花括号括起来构成复合语句，否则，循环体语句将视为仅有一条语句。

（3）在循环体中应有使循环趋于结束的条件，如上例循环体中的 x=x-1；否则将构成死循环，如将 x=x-1 改为 x=x+1，则构成无限死循环。在程序设计中，要避免"死循环"的发生。

（4）若 while 后面没有循环语句，即 while(x>0); 则代表循环为空语句，但判断 x>0 是否为真会循环执行。

例 5.1　下面程序的运行结果是（　　）。

```
#include<stdio.h>
void main()
{
    int num=0;
    while(num<=2)
    {
        num++;
        printf("%d\n",num);
    }
}
```

【解析】本题中，首先判断 num<=2 条件是否满足，若满足，执行 num++，再输出 num 的值；程序返回再次判断条件，若条件满足继续执行循环体，直到条件不满足为止。因此，本题的答案是：

1
2
3

例 5.2　下面的程序中，若输入"1234567890"，运行结果是（　　）。

```
#include<stdio.h>
void main()
{
    char ch;
    int n=0;
    while((ch=getchar())!='0')
```

```
        n++;
    printf("%d\n",n);
}
```
A. 0　　　　　　B. 9　　　　　　C. 1　　　　　　D. 10

【解析】 在本题中，while((ch=getchar())!='0')指循环输入字符，每次赋值给字符变量 ch，如果输入的字符不等于'0'，那么 n++；如果输入字符等于'0'，则循环结束。最终 n 应该存储了输入字符串中第一个'0'之前的个数。因此，本题的答案选 B。

例 5.3　用 while 循环求 1+2+3+…+100。

程序如下：
```
#include <stdio.h>
void main()
{
    int i=1,sum=0;
    while(i<=100)
    {
        sum=sum+i;
        i++;
    }
    printf("sum=%d\n",sum);
}
```
流程如图 5.2 所示。

本题中，i 的初始值为 1，循环条件是 i<=100，因此条件为真，执行循环体。循环体中的 i++即是使循环趋于结束的条件，执行完第一次循环体后，i 的值变成 2，仍然满足循环条件，再一次执行循环体，直到 i>100 时，循环体结束。如果没有 i++这一语句，则 i 的值始终为 1，将始终满足 i<=100 这个条件，构成无限死循环。在这里我们不可以把以上循环程序部分改写为：
```
while(i++<=100)
    sum=sum+i;
```
或者
```
while(++i<=100)
    sum=sum+i;
```

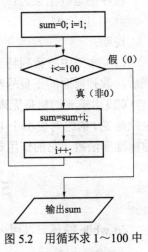

图 5.2　用循环求 1~100 中整数和的流程图

因为这样程序运行时，第一种情况下，第一次循环就少加了一个 1，最后一次多加了个 101，最终的 sum 值显然不正确；第二种情况下，第一次也是少加了个 1，而循环体最终只执行了 99 次，因此最终的 sum 值也不正确，大家可以自己验证一下。

例 5.4　利用下面的公式求 π 的近似值，要求加项尽可能多，但所有加项的绝对值都不得小于 10^{-6}。

$$\frac{\pi}{4}=1-\frac{1}{3}+\frac{1}{5}-\frac{1}{7}+\cdots$$

程序如下：

```
#include<stdio.h>
#include<math.h>
void main()
{
    int s;
    float n,t,pi;
    t=1;pi=0;n=1.0;s=1;
    while(fabs(t)>=1e-6)
    {
        pi=pi+t;
        n+=2;
        s=-s;
        t=s/n;
    }
    pi=pi*4;
    printf("pi=%f\n",pi);
}
```

程序的运行结果为：
pi=3.141594

说明：

（1）本例中的数列特点为：下一项的分母 n 是上一项的分母加 2，也就是 n=n+2；每加一项后，数列前面的正负号都变化，此时我们可以通过每次都乘–1 的方式来改变符号。

（2）由于 π 的值是无限小数，由题意可知，循环的结束条件是最后一项的绝对值小于 10^{-6}，也就是说 t 的绝对值小于 10^{-6} 时循环结束，在此用 fabs(t)表示 t 的绝对值，其中 fabs 是 C 语言的标准库函数，它的作用是求实数的绝对值。

5.2　用 do-while 语句构成循环

do-while 循环可以用来实现"直到型"循环，它的一般形式为：
　　do
　　　　循环体语句；
　　while(表达式)；

do-while 循环与 while 循环不同，它的执行过程是：先执行 do 后面的循环体语句，然后再判断表达式是否为真（非 0）。如果为真，则继续执行循环体语句，直到表达式的值为假时结束循环。因此，不管一开始条件表达式的值是否为真，do-while 循环都至少要执行一次循环体语句。如图 5.3 所示。

例如：
　　int x;
　　scanf("%d",&x);

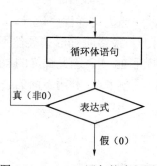

图 5.3　do-while 语句的流程图

```
do
{
    x=x-1;
    printf("%d",x);
} while(x>0);
```

说明：

（1）上例用 do-while 语句来实现 while 循环，do-while 循环语句的特点是先执行一次循环体，再判断表达式，do-while 循环与 while 循环的最大不同是 do-while 循环至少执行一次循环体。如果一开始表达式的条件为真，用 while 和 do-while 循环均可以实现相同的功能，但如果一开始条件为假，则 do-while 语句执行一次循环体，while 循环一次也不执行。

（2）同 while 语句一样，如果循环体语句有多条，则必须用花括号｛｝括起来构成复合语句。

（3）do-while 循环中 while 表达式后面的；不能省略。

例 5.5 下面程序的运行结果是（　　）。

```
void main()
{
    int y=10;
    do
        {
            y--;
        }while(--y);
    printf("%d\n",y--);
}
```

A. −1　　　　　　B. 1　　　　　　C. 8　　　　　　D. 0

【解析】题目中使用 do-while 循环结构。先执行循环体语句 y--，再判断条件--y 是否为真。若为真，则继续执行循环体语句，直到条件为假为止。最后，输出 y--表达式的值。注意，y--是后减，即表达式的值不减 1，而变量 y 的值减 1。因此，本题的输出结果是 0。

例 5.6 用 do-while 循环求 1+2+3+…+100。

程序如下：

```
#include <stdio.h>
void main()
{
    int i=1,sum=0;
    do
    {
        sum=sum+i;
        i++;
    } while(i<=100);
    printf("sum=%d\n",sum);
}
```

例 5.7 while 和 do-while 循环的比较:分别用 while 和 do-while 循环实现 i+(i+1)+(i+2)+…+10,其中 i 由键盘输入。

(1) 使用 while 循环:
```
#include <stdio.h>
void main()
{
    int sum=0,i;
    scanf("%d",&i);
    while(i<=10)
    {
        sum=sum+i;
        i++;
    }
    printf("sum=%d",sum);
}
```

(2) 使用 do-while 循环:
```
#include <stdio.h>
void main()
{
    int sum=0,i;
    scanf("%d",&i);
    do
    {
        sum=sum+i;
        i++;
    }while(i<=10);
    printf("sum=%d",sum);
}
```

分析以上两个程序,程序的功能都是计算从 i 加到 10 的结果,如果当输入的值小于等于 10 时,即当 while 后表达式的值第一次判断就为真时,最终得到相同的结果;如果当输入的值大于 10 时,即表达式的值第一次判断为假时,while 循环的循环体一次也不执行,do-while 仍要执行一次,最终得到的结果不相同。

5.3 用 for 语句构成循环

在 C 语言中,用 for 语句构成的循环结构称为 for 循环。for 循环语句使用最为灵活和广泛,既可以用于计数型循环,也可以用于条件型循环,它完全可以取代 while 和 do-while 语句。它的一般形式为:

for(表达式1;表达式2;表达式3)
　循环体语句;

它的执行过程如下:
(1) 先计算表达式 1。
(2) 计算表达式 2,若其值为真(非 0),则转向下面第(3)步;若其值为假(0),则转向第(5)步。
(3) 执行一次 for 循环体。
(4) 计算表达式 3,转回上面第(2)步继续执行。
(5) 结束循环,执行 for 语句下面的一个语句。
它的整个执行过程如图 5.4 所示。
例如:

```
int k,sum=0;
for(k=1;k<=100;k++)
    sum+=k;
```

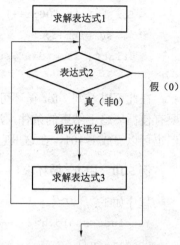

图 5.4 for 循环语句流程图

说明:
(1) for 语句中的表达式可以部分或全部省略,但其中的;一个也不能少。一般情况下,表达式 2 不能省略,如果表达式 2 省略,则循环可能会无限制地循环下去,成为死循环。
(2) for 循环的一般形式等价于以下 while 语句:

表达式 1;
while(表达式 2)
{
    循环体语句;
    表达式 3;
}

因此,如果要在 for 循环条件中省略表达式 1,则应在 for 循环之前用类似表达式 1 的语句给循环变量赋初值,如果在 for 循环条件中省略表达式 3 的语句,则应该在 for 循环体中给出类似表达式 3,改变循环变量的值,使循环趋于结束。
(3) for 循环中的表达式可以是任意合法的表达式,表达式 1 和表达式 3 可以是与循环变量无关的表达式。
例如:

```
int k,sum;
for(sum=0,k=1;k<=100;sum+=k,k++);
```

在这个 for 语句中,表达式 1 和表达式 3 均是逗号表达式。它同上例中的程序实现了相同的功能。但通常情况下,for 后面的表达式仅含有与循环控制有关的表达式,这样可增加程序的可读性。

例 5.8 执行语句 for(i=1;i++<4;); 后变量 i 的值是(   )。
【解析】本题中表达式 3 省略,而且 for 循环的循环体语句只有一个分号,是一个空语句,即在执行循环体语句时什么也不执行。i++是后加,因此表达式的值不变,仍是原来 i 的值,但 i 的值加 1。因此,本题的结果是 5。

例 5.9 用 for 循环求 1+2+3+⋯+100。
程序如下:

```
#include <stdio.h>
void main()
{
    int i,sum=0;
    for(i=1;i<=100;i++)
        sum=sum+i;
    printf("sum=%d\n",sum);
}
```

在此可以看到，for 循环可以代替 while 和 do-while 语句实现循环结构，在程序中也一定要有使循环趋于结束的条件，注意表达式 2 不要写成 i<100，这样就成了 1 加到 99 的和了，但也可以写成 i<101，在这里它等价于 i<=100。

例 5.10 用 for 循环求 $1+\dfrac{1}{2\times 2}+\dfrac{1}{3\times 3}+\cdots+\dfrac{1}{n\times n}$ 的值，其中 n 由键盘输入。

程序如下：
```
#include<stdio.h>
void main()
{
    int i,n;
    float sum=0.0;
    scanf("%d",&n);
    for(i=1;i<=n;i++)
        sum=sum+1.0/(i*i);
    printf("%f\n",sum);
}
```

例 5.11 求 n!。

程序如下：
```
#include <stdio.h>
void main()
{
    int i,n;
    long fac=1;        /*long 是长整型*/
    scanf("%d",&n);
     for(i=1;i<=n;i++)
        fac*=i;
    printf("%d!=%ld\n",i,fac);   /*%ld 是以长整型形式输出*/
}
```

由于 n!=1×2×3×…×n，因此设置 fac 为被乘数，也作为存储乘积的变量，i 为乘数，通过 i 使循环变量增加。n 通过键盘输入，由于乘积数较大，在此把 fac 定义为 long int 型变量，但还是要注意溢出的问题，当输入的 n 值较大时，变量 fac 仍然有可能产生溢出。

5.4 循环的嵌套

在一个循环体内又包含另一个完整的循环结构，称为循环的嵌套。循环的嵌套可以有多层，即内嵌的循环体内还嵌套有循环，称为多重循环。while、do-while 以及 for 循环，它们之间都可以相互进行嵌套，但要求每一层循环在逻辑上都必须是完整的。下列几种嵌套都是合法的形式。

（1） while()
　　{
　　　while()
　　　{ }
　　}

（2） do
　　{
　　do
　　{ }while();
　　}while();

（3） for(; ;)
　　{ for(; ;){ }
　　}

（4） while()
　　{
　　　do
　　　{
　　　}while();
　　}

（5） for(; ;)
　　{
　　while()
　　{ }
　　}

（6） do
　　　{ for(; ;) } while();

以上列出的几种形式都是双层嵌套，循环还可以多重嵌套，例如：
for
{
　while()
　{ do
　　{ }while();
　}
```
```

}

此时，for 循环里面嵌套了 while 循环，while 循环内部又嵌套了 do-while 循环，构成了三重循环。三种循环可以任意多层嵌套。

例 5.12 执行以下程序后，输出"#"的个数是（   ）。
```
#include<stdio.h>
void main()
{
  int i,j;
  for(i=1;i<5;i++)
     for(j=2;j<=i;j++)
        putchar('#');
}
```

【解析】本题中是两个 for 循环的嵌套结构。先执行 i=1，i<5 满足条件，执行内层 for 循环，当内层 for 循环执行结束后，再执行 i++，判断条件，若条件满足则继续执行内层 for 循环，直至条件为假为止。因此，当 i 的值为 1 时，没有输出"#"；当 i 的值为 2 时，输出一个"#"；当 i 的值为 3 时，输出 2 个"#"；当 i 的值为 4 时，输出 3 个"#"。所以本题的答案为 6。

例 5.13 编写程序，输出九九乘法口诀表，如下：
1×1=1
1×2=2 2×2=4
1×3=3 2×3=6 3×3=9
1×4=4 2×4=8 3×4=12 4×4=16
…

程序如下：
```
#include <stdio.h>
void main()
{
    int a,b,c;
    for(a=1;a<=9;a++)
    {
      for(b=1;b<=a;b++)
      {
         c=a*b;
         printf("%d×%d=%-4d",b,a,c);
      }
      printf("\n");
    }
}
```

编写程序时要注意，循环嵌套的书写要采用缩进的形式，内外循环要层次分明，内循环中的语句应该比外循环中的语句向右缩进 2～4 个字符，这样层次分明，可以增加程序的可读性。

思考：本例中使用的是 for 循环内嵌套 for 循环的语句形式实现的程序，你能使用其他的循环嵌套来解决此问题吗？

5.5　break 语句和 continue 语句

5.5.1　break 语句

break 语句的一般格式：
`break;`

它通常用在 switch 语句和循环语句中，当 break 语句用于 switch 语句时，它可以使流程跳出 switch 语句体，执行 switch 语句下面的语句；当 break 语句用于循环语句中时，它可以在循环结构中终止本层循环体，提前结束本层循环，然后执行循环体后面的语句。

例 5.14　从键盘上输入的 10 个整数中，找出第一个能被 7 整除的数，若找到，打印此数；若未找到，打印"其中不存在能被 7 整除的数"。

程序如下：
```
#include <stdio.h>
void main()
{
    int i,a;
    for(i=1;i<=10;i++)
    {
        scanf("%d",&a);
        if(a%7==0)break;
    }
    if(i<=10)
        printf("%d\n",a);
    else
        printf("其中不存在能被7整除的数\n");
}
```

本例中从键盘上输入 10 个数，每输入一个数便判断是否能被 7 整除，如果能被 7 整除，便提前结束循环，输出这个第一个能被 7 整除的数。如果输入的 10 个数均不能被 7 整除，循环结束，打印"其中不存在能被 7 整除的数"。

例 5.15　输入一个整数 n，判断其是否为素数（素数是除了 1 和其本身，不能被其他数整除的数）。

```
#include<stdio.h>
void main()
{
    int i,j,flag=1,n;
    printf("请输入一个整数:");
```

```
    scanf("%d",&n);
    for(i=2;i<=n-1;i++)/*判断 2 到 n-1 之间有没有能被 n 整除的数*/
    {
        if(n%i==0)
        {
            flag=0;
            break; /*如果 n 可以整除 i，则不是素数，跳出循环*/
        }
    }
    if(flag==1)
        printf("是素数\n");
    else
        printf("不是素数\n");
}
```

例 5.16 下面程序的运行结果是（   ）。

```
void main()
{
    int i;
    for(i=1;i<=5;i++)
    switch(i%2)
    {
        case 0: i++; printf("#"); break;
        case 1: i+=2; printf("*");
        default:printf("\n");
    }
}
```

【解析】break 语句若用在 for 循环内的 switch 结构中，跳出的是 switch 结构，for 循环继续执行。分析程序，若 i 为偶数，i%2 表达式值为 0，则执行 i++，输出#，程序转去执行 for 循环后的表达式 3，即 i++。若 i 为奇数，则程序执行 i+=2，输出*，再输出换行符。因此，本题的答案为：

*

\#

说明：

（1）break 语句既可以用于跳出循环体，也可以用于跳出 switch 语句，前面介绍 switch 语句时已经使用过 break 语句。需要注意的是，break 语句只能用在循环体内和 switch 语句体内。

（2）当 break 语句用于循环体中时，它只能跳出本层循环，而不能跳出到最外层；同样，当 break 语句用于循环体中的 switch 语句体内时，也只能是跳出 switch 语句，而不能直接终止循环的执行。

5.5.2　continue 语句

continue 语句的一般形式：
continue；
与 break 语句不同，其功能是结束本次循环，跳过本次循环剩下的尚未执行的语句而直接进行下一次的循环。

注意：
（1）continue 语句仅是结束本次循环，并没有使整个循环终止。它跟 break 语句不同，break 语句是结束整个循环。
（2）continue 语句只用于 while、do-while、for 等循环语句中，也是常与 if 语句一起使用。当用在 while、do-while 循环内，程序转去执行 while 后面括号内的表达式；若用在 for 循环，程序转去执行 for 后面括号内的表达式 3。

例 5.17　下面程序的运行结果是（　　）。
```c
#include<stdio.h>
void main()
{
    int i;
    for(i=1;i<=5;i++)
    {
        if(i%2)printf("*");
        else continue;
        printf("#");
    }
    printf("$");
}
```
【解析】 本题中，在 for 循环内出现 continue 语句。因此，当程序执行到 continue 语句时，程序不执行 printf（'#'），转去执行 for 循环的表达式 3，即 i++。分析程序可知，若 i 为奇数，则输出 "*#"，若 i 为偶数，则不输出。for 循环结束后，再输出一个 "$"。所以，本题的答案为 "*#*#*#$"。

例 5.18　编写程序，输出 0~100 之间个位数为 6 且能被 3 整除的所有整数。
```c
#include <stdio.h>
void main()
{
    int i,j;
    for(i=0;i<10;i++)
    {
        j=i*10+6;
        if(j%3!=0) continue;
        printf("%d\n",j);
```

    }
}

由于是寻找 0～100 之间个位数为 6 且能被 3 整除的所有整数，因此，如果个位数为 6 的整数不能被 3 整除，就不打印输出，结束本次循环，进入下次循环继续进行判定。这里的 continue 仅是结束不满足输出条件的本次循环。

练 习 题

1. 选择题

（1）下面程序段的运行结果是（　　）。
```
int n=0;
while(n++<=2);
printf("%d",n);
```
A. 2　　　　　　B. 3　　　　　　C. 4　　　　　　D. 有语法错

（2）有以下程序：
```
#include <stdio.h>
void main()
{
    int y=10;
    while(y--);  printf("y=%d\n", y);
}
```
程序执行后的输出结果是（　　）。
A. y=0　　　　　B. y=-1　　　　　C. y=1　　　　　D. while 构成无限循环

（3）有以下程序：
```
#include <stdio.h>
void main()
{
    int k=5;
    while(--k)printf("%d",k -= 3);
    printf("\n");
}
```
执行后的输出结果是（　　）。
A. 1　　　　　　B. 2　　　　　　C. 4　　　　　　D. 死循环

（4）关于"while（条件表达式）循环体"，以下叙述正确的是（　　）。
A. 循环体的执行次数总是比条件表达式的执行次数多一次
B. 条件表达式的执行次数总是比循环体的执行次数多一次
C. 条件表达式的执行次数与循环体的执行次数一样
D. 条件表达式的执行次数与循环体的执行次数无关

（5）由以下 while 构成的循环，循环体执行的次数是（　　）。

```
int k=0;
while(k=1)k++;
```
A. 有语法错，不能执行　　　　　　B. 一次也不执行
C. 执行一次　　　　　　　　　　　D. 无限次

（6）有以下程序：
```
#include <stdio.h>
void main()
{
    char c;
    while((c=getchar())!= '#')
        putchar(c);
}
```
执行时如输入 abcdefg##<回车>，则输出结果是（　　）。
A. abcdefg　　　B. abcdefg#　　　C. abcdefg##　　　D. ##

（7）有如下程序：
```
#include <stdio.h>
void main()
{
    char ch = 'A';
    while(ch < 'D')
    {
        printf("%d", ch - 'A');
        ch++;
    }
    printf("\n");
}
```
程序运行后的输出结果是（　　）。
A. 012　　　　B. ABC　　　　C. abc　　　　D. 123

（8）以下程序段中，循环次数不超过 10 的是（　　）。
A. int i=10;　do{ i=i+1;} while(i<0);
B. int i=5;　 do{ i+=1;} while(i>0);
C. int i=1;　 do{ i+=2;} while(i!=10);
D. int i=6;　 do{ i-=2;} while(i!=1);

（9）若有以下程序：
```
#include <stdio.h>
void main()
{
    int a=-2, b=0;
    do {++b ; } while(a++);
    printf("%d,%d\n", a, b);
```

}
则程序的输出结果是（   ）。
A. 1,3   B. 0,2   C. 1,2   D. 2,3

（10）以下程序段（   ）。
```
x= -1;
do { x=x*x; }
while(x>0);
```
A. 是死循环   B. 循环执行一次   C. 循环执行二次   D. 有语法错误

（11）设变量已正确定义，则以下能正确计算 f＝n!的程序段是（   ）。
A. f=0;
   for(i=1;i<=n;i++)f*=i;
B. f=1;
   for(i=1;i<n;i++)f*=i;
C. f=1;
   for(i=n;i>1;i++)f*=i;
D. f=1;
   for(i=n;i>=2;i--)f*=i;

（12）有以下程序：
```
#include <stdio.h>
void main()
{
   int a=1, b=2;
   for(;a<8;a++){b+=a;  a+=2;}
   printf("%d,%d\n",a,b);
}
```
程序运行后的输出结果是（   ）。
A. 9,18   B. 8,11   C. 7,11   D. 10,14

（13）有如下程序：
```
#include<stdio.h>
void main()
{
   int i;
   for(i=0; i<5; i++)
       putchar('Z' - i);
}
```
程序运行后的输出结果是（   ）。
A. ZYXWV   B. VWXYZ   C. 'X"Y"Z"W"V   D. 'ABCDE'

（14）下面程序是计算 n 个数的平均值，请填空。
```
#include<stdio.h>
void main()
{
   int i,n;   float x,avg=0.0;
   scanf("%d",&n);
   for(i=0;i<n;i++)
```

```
    { scanf("%f",&x);  avg=avg+(   );  }
    avg=(   );
printf("avg=%f\n",avg);
```
A. i 和 avg/x   B. x 和 avg/n   C. x 和 avg/x   D. i 和 avg/n

(15) 若 i、j 已定义为 int 类型，则以下程序段中内循环体的总的执行次数是（   ）。
```
for(i=5; i>0 ; i- -)
  for(j=0; j<4; j++)
     {...}
```
A. 20   B. 25   C. 24   D. 30

(16) 有以下程序：
```
#include <stdio.h>
void main()
{
    int i,j, m=55;
    for(i=1;i<=3;i++)
       for(j=3; j<=i; j++)m=m%j;
    printf("%d\n ", m);
}
```
程序的运行结果是（   ）。
A. 0   B. 1   C. 2   D. 3

(17) 以下叙述中正确的是（   ）。
A. break 语句只能用于 switch 语句体中
B. continue 语句的作用是：使程序的执行流程跳出包含它的所有循环
C. break 语句只能用在循环体内和 switch 语句体内
D. 在循环体内使用 break 语句和 continue 语句的作用相同

(18) 有如下程序段：
```
for(i=0; i<10; i++)
   if(i <= 5)break;
```
则循环结束后 i 的值为（   ）。
A. 1   B. 0   C. 5   D. 10

(19) 有如下程序：
```
#include <stdio.h>
void main()
{
    int i, data;
    scanf("%d", &data);
    for(i=0; i<5; i++)
    {
        if(i > data)break;
        printf("%d,", i);
```

```
    }
    printf("\n");
}
```
程序运行时，从键盘输入 3<回车>后，程序输出结果为（   ）。
A. 0,1,2,3,   B. 0,1,   C. 3,4,5,   D. 3,4,

(20) 有以下程序段：
```
int  x ,i ;
for(i=1;i<=100;i++)
{
    scanf("%d",&x);
    if(x<0)continue;
    printf("%4d\n",x);
}
```
下面针对上述程序段的描述正确的是（   ）。
A. 最多可以输出 100 个非负整数   B. 当 x<0 时结束整个循环
C. 当 x>=0 时没有任何输出   D. printf 函数调用语句总是被跳过

2. 判断题（对的在题后括号里打"√"，错的打"×"）

（1）设有程序段 int k=10; while(k=0)k=k-1; 则语句 k=k-1 执行 10 次。(   )

（2）执行完 k= –1; while(k< 10)k+=2; k++;程序段后，变量 k 的值为 11。(   )

（3）int i=0; char ch; while((ch=getchar())!='\n ')i++; 输入 abcde<回车>，最后 i 的值是 5。
(   )

（4）do-while 语句构成的循环至少执行一次。(   )

（5）执行语句 for(i=1; i++<7;); 后，变量 i 的值不能确定。(   )

（6）执行 for（i=1;i<10;i+=2)s+=i;后，i 的值为 11。(   )

（7）在 for 循环的循环体语句中，可以包含多条语句，但必须用花括号括起来变成一条复合语句。(   )

（8）for 循环是先执行循环体语句，后判断表达式。(   )

（9）在循环过程中，使用 break 语句和 continue 语句的作用是一样的。(   )

（10）下面的程序段构成死循环。(   )
```
a=5;
while(1)
{
    a--;
    if(a<0)break;
}
```

第6章 数组与字符串

学习要求

本章学习数组的定义和使用,字符数组与字符串的定义方式以及字符串处理函数。

学习目标

- 掌握数组的定义和初始化。
- 掌握数组元素的引用和数组的存储。
- 掌握字符型数组与字符串。
- 掌握数组的赋值、输入和输出。
- 掌握字符串处理函数。

6.1 一维数组

C 语言的数据类型包括基本类型(整型、字符型、实型)和构造类型(数组类型、结构体类型和共用体类型)。数组是有序数据的集合。数组中的每一个元素都属于同一种数据类型。数组中的元素用一个统一的数组名和下标来唯一确定。

数组在内存中作为一个整体占用一片连续的存储单元,数组名就是这片存储单元的首地址。数组占用的存储空间是元素个数与每个元素所占存储空间的乘积。

1. 一维数组的定义

当数组中每个元素只带有一个下标时,称为一维数组。一维数组的定义方式为:
类型说明符 数组名[常量表达式];
例如:
int a[10]; 定义了一个整型数组,数组名为 a,有 10 个元素,占用 40 个存储空间。
float f[5]; 定义了一个浮点型数组,数组名为 f,有 5 个元素,占用 20 个存储空间。

说明：

（1）类型说明符指明该数组中存储元素的类型。因此，a 数组中只能存放整型元素，f 数组中只能存放浮点型元素。

（2）数组名的命名规则遵循标识符命名规则。

（3）方括号中的常量表达式用来表示数组中元素的个数。例如，上例定义的 f 数组，5 个数组元素分别为：f[0]，f[1]，f[2]，f[3]，f[4]。因此，数组元素的下标从 0 开始，直到数组元素个数减 1 为止。

（4）常量表达式中可以包含常量、常量表达式和符号常量，不能包含变量。以下数组的定义方法是错误的：

① int n=5;　　int a[n];

② int n;
　　scanf("%d",&n);
　　int a[n];

（5）若同时定义多个数组，则数组之间用逗号隔开。例如：char a[3],b[4],c[5]; 同时定义了 3 个字符型数组 a、b、c，其中 a 数组中包含 3 个元素，b 数组中包含 4 个元素，c 数组中包含 5 个元素。

2. 一维数组元素的引用

引用形式为：数组名[下标]

说明：

（1）下标可以是整型常量或整型表达式。例如：a[3+4] 指下标为 7 的数组元素。

（2）数组元素只能逐一引用，不能整体引用整个数组。

（3）引用数组元素时，下标表达式的值下限为 0，上限为数组元素个数减 1。分析以下数组元素的引用：

int a[3];
a[0]=1;　　/*合法*/
a[3]=9;　　/*不合法，a 数组中没有 a[3]元素*/

3. 一维数组元素的初始化

在定义数组时，若未给数组元素赋值，则数组中是系统随机分配的不确定值。可以在定义数组的同时赋初值。例如：

int a[3]={1,2,3};

在以上定义中，花括号中的元素个数不能大于数组长度。若花括号中的元素个数与数组长度相等，即为全部元素赋初值，则数组长度可以省略。则上例可以写成：

int a[]={1,2,3};

若花括号中的元素个数小于数组长度，即为部分元素赋初值，则未赋值的元素值为 0。例：int a[10]={1,2,3}; 定义 a 数组包含 10 个元素，前 3 个元素的值分别为 1、2、3，后 7 个元素值为 0。

例 6.1　下面程序的运行结果是（　　）。

#include<stdio.h>

```
void main()
{
    int a[]={2,4,6,8,10};
    int y=1,x;
    for(x=0;x<3;x++)
        y+=a[x+1];
    printf("%d\n",y);
}
```

【解析】本题中将元素 a[1]、a[2]、a[3]的值累加到变量 y 中，因此本题的正确答案为 19。

例 6.2 下面程序的运行结果是（　　）。

```
#include <stdio.h>
void main()
{
    int i,n[4]={1};
    for(i=1,i<=3;i++)
    {
        n[i]=n[i-1]*2+1;
        printf("%d",n[i]);
    }
}
```

【解析】本题中通过 for 循环，元素 n[1]的值为 3，n[2]的值为 7，n[3]的值为 15。因此本题的正确答案为 3715。

例 6.3 编写程序，定义一个含有 20 个元素的整型数组。依次为该数组输入值，求出该数组所有元素的总和与平均值，最后按每行 10 个元素顺序输出。

```
#include<stdio.h>
#define M 20
void main()
{
    int a[M],i;
    float sum=0,ave;
    for(i=0;i<M;i++)
    {   scanf("%d",&a[i]);              /*使用循环为 a 数组中的每个元素赋值*/
        sum+=a[i];                      /*将 a 数组中的每个元素累加至变量 sum 中*/
    }
    ave=sum/M;
    printf("该元素值的总和为%f,平均值为%f\n",sum,ave);
    for(i=0;i<M;i++)
    {   printf("%4d",a[i]);
        if((i+1)%10==0)                 /*当输出 10 个元素时，则换行*/
            printf("\n");
```

        }
}

6.2 二维数组

1. 二维数组的定义

当数组中每个元素带有两个下标时,称为二维数组。二维数组的定义方式为:
类型说明符　数组名[常量表达式1][常量表达式2];
例如:`int a[2][3];`　定义a为2行3列的整型数组,有6个元素。
　　　`float f[3][4];`　定义f为3行4列的浮点型数组,有12个元素。
说明:

(1) 方括号中的常量表达式1用来表示二维数组中的行数,方括号中的常量表达式2用来表示二维数组中的列数。

(2) 二维数组中元素在内存中是按行存放的,即在内存中先顺序存放第一行的元素,再存放第二行的元素。也有按列存放的,在内存中先顺序存放第一列的元素,再存放第二列的元素。

(3) 可以将一个二维数组看成一个特殊的一维数组,每个数组元素又是一个包含有若干个元素的一维数组。如例6.3中定义的a数组,可以看成由a[0]、a[1]两个元素组成的一维数组,其中每个元素又是由3个元素组成的一维数组。

2. 二维数组元素的引用

引用形式为:数组名[下标1][下标2]
说明:
(1) 下标可以是整型常量或整型表达式。
(2) 引用数组元素时,下标1表达式的值下限为0,上限为数组定义中的常量表达式1减1;下标2表达式的值下限为0,上限为数组定义中的常量表达式2减1。

3. 二维数组元素的初始化

(1) 分行给二维数组赋初值:
`int a[3][4]={{1,2,3,4},{5,6,7,8},{9,10,11,12}};`
(2) 所有数据写在一个花括号内,按数组排列的顺序对各元素赋初值:
`int a[3][4]={1,2,3,4,5,6,7,8,9,10,11,12};`
若为数组中的所有元素均赋初值,则以上两种方法等价。
(3) 若为部分元素赋初值,则未赋值的元素值为0。此时,以上两种方法有区别。例如:
`int a[2][3]={{1},{2}};` 元素a[0][0]的值为1,a[1][0]的值为2,其余元素的值均为0。
`int a[2][3]={1,2};` 元素a[0][0]的值为1,a[0][1]的值为2,其余元素的值均为0。
(4) 如果对全部元素赋初值,则定义数组时第一维的长度可以省略,但第二维的长度不能省。例如: `int a[ ][4]={{1,2,3,4},{5,6,7,8},{9,10,11,12}};`。

例6.4 下面程序的运行结果是(　　)。

```
#include<stdio.h>
void main()
{
   int a[6][6],i,j;
      for(i=1;i<6;i++)
       for(j=1;j<6;j++)
         a[i][j]=(i/j)*(j/i);
      for(i=1;i<6;i++)
      { for(j=1;j<6;j++)
          printf("%2d"a[i][j]);
       printf("\n");
      }
}
```

【解析】 本题中使用双重 for 循环为二维数组 a 赋值，并且数组 a 的第一行和第一列未赋值。再使用 for 循环输出数组 a 中的值，并且按行输出。因此，本题的正确答案是：

```
1 0 0 0 0
0 1 0 0 0
0 0 1 0 0
0 0 0 1 0
0 0 0 0 1
```

例 6.5 通过键盘给 2×3 的二维数组 a 输入数据，然后求该矩阵的转置矩阵 b。所谓转置矩阵，即将二维数组 a 中行和列的元素互换，存到二维数组 b 中。

```
#include<stdio.h>
void main()
{
   int a[2][3],b[3][2],i,j;
      for(i=0;i<2;i++)
       for(j=0;j<3;j++)
         scanf("%d",&a[i][j]);        /*输入二维数组 a 的元素*/
      for(i=0;i<2;i++)
       for(j=0;j<3;j++)
        b[j][i]=a[i][j];               /*将二维数组 a 中的元素行列互换，存在数组 b 中*/
      for(i=0;i<3;i++)
      { for(j=0;j<2;j++)
          printf("%3d",b[i][j]); /*按行输出二维数组 b 的元素*/
        printf("\n");
      }
}
```

例 6.6 定义一个 5*5 的二维数组，数组中的值如下所示来定义，不需要从键盘中输入值。要求将二维数组的右上半部分置为零，并输出该数组的值。

例如： 1 2 3 4 5　　　　　　1 0 0 0 0
　　　 6 7 8 9 10　　　　　 6 7 0 0 0
　　　11 12 13 14 15 最后输出为：11 12 13 0 0
　　　16 17 18 19 20　　　　16 17 18 19 0
　　　21 22 23 24 25　　　　21 22 23 24 25

```c
#include<stdio.h>
void main ( )
{
 int i,j,a[5][5]={{1,2,3,4,5},{6,7,8,9,10},{11,12,13,14,15},{16,17,18,19,20},{21,22,
    23,24,25}};
 for(i=0;i<5;i++)
 for(j=0;j<5;j++)
    if(j>i)
      a[i][j]=0;
 for(i=0;i<5;i++)
{
    for(j=0;j<5;j++)
      printf("%5d",a[i][j]);
    printf("\n");
}
}
```

例 6.7 有一个 3×4 的矩阵，编程序求出其中最大元素的值及其所在的行和列，最小元素的值及其所在的行和列。

```c
#include<stdio.h>
void main( )
{
  int a[3][4],i,j,max,maxi,maxj,min,mini,minj;
  for(i=0;i<3;i++)                    /*为二维数组 a 输入元素*/
     for(j=0;j<4;j++)
      scanf("%d",&a[i][j]);
  max=min=a[0][0];
  maxi=maxj=mini=minj=0;
    for(i=0;i<3;i++)
      for(j=0;j<4;j++)
       { if(max<a[i][j])
          { max=a[i][j];           /*变量 max 保存最大元素的值*/
            maxi=i;                /*变量 maxi 保存最大元素所在的行*/
            maxj=j;                /*变量 maxj 保存最大元素所在的列*/
          }
         if(min>a[i][j])
```

```
            { min=a[i][j];           /*变量min保存最小元素的值*/
              mini=i;                /*变量mini保存最小元素所在的行*/
              minj=j;                /*变量minj保存最小元素所在的列*/
            }
        }
    printf("最大元素的值是%d,所在行是%d,所在列是%d\n",max,maxi,maxj);
    printf("最小元素的值是%d,所在行是%d,所在列是%d\n",min,mini,minj);
}
```

6.3 字符数组

6.3.1 字符数组的定义和初始化

1. 字符数组的定义

字符数组的定义与一维数组的定义类似。形式为：
char 数组名[常量表达式];
例如：char c[3];。

2. 字符数组的初始化

对字符数组的初始化，可用以下两种方法：
（1）将逐个字符赋给数组中各元素。方法与一维数组的初始化相类似。例如：
char a[5]={'h','e','l','l','o'};
若花括号中的初值元素个数小于数组长度，则未赋值的数组元素为空字符'\0'。
（2）将字符串常量赋给字符数组。

字符串作为一维字符数组存放在内存中，系统会在最后一个字节自动存放空字符'\0'，以作为字符串的结束标志。因此，当将字符串常量赋给字符数组时，定义数组的长度至少应比字符串的实际长度大1。赋值方法如下：

① char str[4]={"ABC"};
② char str[4]="ABC";
③ char str[]="ABC";
④ char str[]={'A','B','C','\0'};

以上4种赋值方法等价，str 数组的长度都为4。但 char str[3]="ABC";赋值方法是错误的。请读者思考原因。

6.3.2 字符数组的输入和输出

可以使用以下两种方法完成字符数组的输入/输出。
（1）逐个字符输入/输出。用格式符"%c"输入或输出一个字符。例如以下程序段：

```
char str[5];
int i;
for(i=0;i<5;i++)
  scanf("%c",&str[i]);
for(i=0;i<5;i++)
  printf("%c",str[i]);
```

（2）将整个字符串整体输入/输出。用格式符"%s"输入或输出一个字符串。例如以下程序段：

```
char str[6];
scanf("%s",str);
printf("%s",str);
```

注意：

（1）输出字符中不包括'\0'。程序中主要依靠检测'\0'的位置来判定字符串是否结束，输出时遇到'\0'结束。例如：

```
char str1[5]="abc";
char str2[5]="ab\0c";
printf("%s\n%s",str1,str2);
```

则输出的内容为：abc
　　　　　　　　ab

（2）用"%s"格式符输出字符串时，printf 函数中的输出项是字符数组名，或者是某一元素的地址，而不是数组元素名。输出时，从该地址开始，依次输出后续地址的内容，直到遇到'\0'为止。

（3）用"%s"格式符输入字符串时，scanf 函数中的输入项是字符数组名，或者是某一元素的地址，而不是用数组元素名。输入时，从该地址开始输入，依次写入到后续地址的内存空间中。

（4）如果同时为多个字符数组输入值，则在输入时以空格、Tab、回车符分隔。用法如下：

```
char str1[5],str2[5],str3[5];
scanf("%s%s%s",str1,str2,str3);
```

输入数据：how are you?

或者：how
　　　are
　　　you?

或者：how are you?

例 6.8　以下程序运行时，输入为 AhaMA　Aha<回车>，则分析以下程序的运行结果（　　）。

```
#include<stdio.h>
void main()
{
  char s[80],c='a';  int i=0;
  scanf("%s",s);
  while(s[i]!='\0')
  { if(s[i]==c)   s[i]=s[i]-32;
```

```
        else  if(s[i]==c-32)
            s[i]=s[i]+32;
        i++;
    }
    printf("%s",s);
}
```

【解析】本题将字符串 s 中小写字符'a'转换成大写字符'A',将大写字符'A'转换成小写字符'a'。由输入的字符串可以看出,字符数组 s 接收到的字符串为 AhaMA,因此该程序的运行结果为"ahAMa"。

6.4 字符串处理函数

1. 输入函数 gets( )

调用形式:gets(str_adr);

其中,**str_adr** 是存放输入字符串的起始地址,可以是字符数组名、字符数组元素的地址或字符指针变量。gets 函数用来从终端键盘输入字符串（包括空格符）,直到读入一个换行符为止。换行符读入后,不作为字符串的内容,系统将自动用'\0'代替。例如:
```
char str[10];
gets(str);
```

2. 输出函数 puts( )

调用形式:puts(str_adr);

其中,**str_adr** 是存放待输出字符串的起始地址。调用 puts 函数时,将从这一地址开始,依次输出存储单元中的字符,遇到第一个'\0'即结束输出,并自动输出一个换行符。

注意:puts 和 gets 函数只能输出或输入一个字符串,不能写成 puts(str1,str2)或 gets(str1,str2)。

3. 字符串复制函数 strcpy( )

调用形式:strcpy(str1,str2);

函数将字符串 str2 的内容复制到 str1 中。str1 必须有一个足够容纳 str2 的存储空间。复制时,将 str2 中的字符串和其后的'\0'一起复制到 str1 中,取代 str1 中的原有字符,而 str1 中未被覆盖的内容则保持不变。例如:
```
char str1[]="china",str2[]="eof";
strcpy(str1,str2);
puts(str1);
printf("%c",str1[4]);
```
输出的结果为:eof
            a

4. 字符串连接函数 strcat( )

调用形式：strcat(str1,str2);

函数将字符串 str2 的内容（包括最后的空字符'\0'）连接到 str1 中的字符串后面，并自动覆盖 str1 串末尾的'\0'，函数返回 str1 所指的地址值。str1 应有足够的空间容纳两串合并后的内容。

注意：判断字符串结束的标志是'\0'。

例如：char str1[ ]= "china",str2[ ]= "eof",str3[ ]= "chi\0na";
```
strcat(str1,str2);
strcat(str3,str2);
puts(str1);
puts(str3);
```
输出的结果为：chinaeof
              chieof

5. 字符串比较函数 strcmp( )

调用形式：strcmp(str1,str2);

该函数用来比较 str1、str2 所指字符串的大小。字符串的比较规则：对两个字符串自左至右逐个字符相比较，直到出现不同的字符或遇到'\0'为止。若 str1 大于 str2，则函数值大于 0；若 str1 等于 str2，则函数值等于 0；若 str1 小于 str2，则函数值小于 0。

对两个字符串比较的程序代码，应用以下形式：
```
if(strcmp(str1,str2)>0)
  printf("str1 大于 str2");
else if(strcmp(str1,str2)<0)
  printf("str1 小于 str2");
else
  printf("str1 等于 str2");
```

6. 求字符串长度函数 strlen( )

调用形式：strlen(str);

该函数计算出以 str 为起始地址的字符串的长度，并作为函数值返回。这一长度不包括串尾的结束标志'\0'。

例 6.9 将字符串中的大写字母转换成相应的小写字母，其他字符不变。
```
#include<stdio.h>
#include<string.h>
void main()
{
  char str[50];
    int i=0;
    gets(str);
```

```
        while(str[i]!='\0')
        {
            if(str[i]>='A'&&str[i]<'Z')
                str[i]+=32;
            i++;
        }
        printf("%s",str);
}
```

例 6.10 有 3 个字符串，要求找出其中最大者。

```
#include<stdio.h>
#include<string.h>
void main()
{
    char string[20];
    char str[3][20];
    int i;
    for(i=0;i<3;i++)
     gets(str[i]);
    if(strcmp(str[0],str[1])>0)
      strcpy(string,str[0]);
    else
      strcpy(string,str[1]);
    if(strcmp(str[2],string)>0)
      strcpy(string,str[2]);
    printf("\nthe largest string is:\n%s\n",string);
}
```

练 习 题

1. 选择题

（1）以下对一维数组 a 的定义中正确的是（　　）。

A. `char a(10);`　　B. `int a[0…100];`　　C. `int a[5];`　　D. `int k=10; int a[k];`

（2）以下对一维数组的定义中不正确的是（　　）。

A. `double x[5]={2.0,4.0,6.0,8.0,10.0};`
B. `int y[5]={0,1,3,5,7,9};`
C. `char ch1[]={'1', '2', '3', '4', '5'};`
D. `char ch2[]={'\x10', '\xa', '\x8'};`

（3）以下对二维数组的定义中正确的是（　　）。

A. `int a[4][]={1,2,3,4,5,6};`　　　　B. `int a[][3];`

C. int a[ ][3]={1,2,3,4,5,6};   D. int a[ ][ ]={{1,2,3},{4,5,6}};

（4）假定一个 int 型变量占用两个字节，若有定义：int x[10]={0,2,4};，则数组 x 在内存中所占字节数是（   ）。

A. 3   B. 6   C. 10   D. 20

（5）设有 int a[4][4]={{1,3,5},{2,4,6},{3,5,7}};，则数组元素 a[1][2]的值是（   ）。

A. 1   B. 2   C. 6   D. 0

（6）以下给字符数组 str 定义和赋值正确的是（   ）。

A. char str[10];str={"China! "};

B. char str[]={"China! "};

C. char str[10];strcpy(str, "abcdefghijkl");

D. char str[10]={ "abcdefghijkl"};

（7）下列程序执行后的输出结果是（   ）。

```
#include<stdio.h>
void main()
{
    int a,b[5];
    a=0; b[0]=3;
    printf("%d,%d\n",b[0],b[1]);
}
```

A. 3,0   B. 3 0   C. 0,3   D. 3,不确定值

（8）设有数组定义：char array[]="China";，则 strlen(array)的值为（   ）。

A. 4   B. 5   C. 6   D. 7

（9）设有数组定义：char array[]="China";，则数组 array 所占的存储空间为（   ）。

A. 4 个字节   B. 5 个字节   C. 6 个字节   D. 7 个字节

（10）已知数组 a 的赋值情况如下所示，则执行语句 a[2]++后，a[1]和 a[2]的值分别是（   ）。

a[0]	a[1]	a[2]	a[3]	a[4]
10	20	30	40	50

A. 20 和 30   B. 20 和 31   C. 21 和 30   D. 21 和 31

（11）以下程序输出 a 数组中的最小值及其下标，在括号里应填入的是（   ）。

```
#include<stdio.h>
void main()
{
    int i,p=0,a[10];
    for(i=0;i<10;i++)
        scanf("%d",&a[i]);
    for(i=1;i<10;i++)
        if(a[i]<a[p])
            (              );
    printf("%d,%d\n",a[p],p);
```

A. i=p B. a[p]=a[i] C. p=j D. p=i

（12）有如下程序：
```c
#include<stdio.h>
void main()
{
    int n[5]={0,0,0},i,k=3;
    for(i=0;i<k;i++)
        n[i]=i+1;
    printf("%d\n",n[k]);
}
```
该程序的输出结果是（　　）。
A. 不确定的值　　B. 4　　C. 2　　D. 0

（13）以下程序的输出结果是（　　）。
```c
#include<stdio.h>
void main()
{
    int i,a[10];
    for(i=9;i>=0;i--)
        a[i]=10-i;
    printf("%d%d%d",a[2],a[5],a[8]);
}
```
A. 258　　B. 741　　C. 852　　D. 369

（14）若有定义：int a[2][3]，以下选项中对 a 数组元素正确引用的是（　　）。
A. a[2]![1]　　B. a[2]3　　C. a[0][3]　　D. a[1>2]![1]

（15）定义如下变量和数组：
```c
int i;
int x[3][3]={1,2,3,4,5,6,7,8,9};
```
下面语句的输出结果是（　　）。
`for(i=0;i<3;i++)  printf("%2d",x[i][2-i]);`
A. 159　　B. 147　　C. 357　　D. 369

（16）有定义语句：char s[10]，若要从终端给 s 输入 5 个字符，错误的输入语句是（　　）。
A. gets(&s[0]);　　B. scanf("%s",s+1);　　C. gets(s);　　D. scanf("%s",s[1]);

（17）有以下程序：
```c
#include<stdio.h>
void main()
{
    char s[]={"012xy"};int i,n=0;
    for(i=0;s[i]!=0;i++)
        if(s[i]>='a'&&s[i]<='z')  n++;
```

```
   printf("%d\n",n);
}
```
程序运行后的输出结果是（　　）。

A. 0　　　　B. 2　　　　C. 3　　　　D. 5

（18）有下面的程序段：
```
char str[10],ch[]="China";
str=ch;printf("%s",str);
```
则运行时（　　）。

A. 将输出 China　　B. 将输出 Ch　　C. 将输出 Chi　　D. 编译出错

（19）下面程序运行后的输出结果是（　　）。
```
#include<stdio.h>
void main()
{
  char arr[2][4];
    strcpy(arr[0],"you");
    strcpy(arr[1],"me");
    arr[0][3]='&';
    printf("%s\n",arr[0]);
}
```

A. you&me　　B. you　　C. me　　D. err

（20）下列描述中不正确的是（　　）。

A. 字符型数组中可以存放字符串

B. 可以对字符型数组进行整体输入、输出

C. 可以对整型数组进行整体输入、输出

D. 不能在赋值语句中通过赋值运算符"="对字符型数组进行整体赋值

（21）执行下列程序时，输入 123<空格>456<空格>789<回车>，输出结果是（　　）。
```
#include<stdio.h>
void main()
{
  char s[100];int c,i;
    scanf("%c",&c);scanf("%d",&i);scanf("%s",s);
    printf("%c,%d,%s\n",c,i,s);
}
```

A. 123,456,789　　B. 1,456,789　　C. 1,23,456,789　　D. 1,23,456

（22）若有说明：int a[][3]={1,2,3,4,5,6}，则 a 数组第一维的大小是（　　）。

A. 2　　　　B. 3　　　　C. 4　　　　D. 无确定值

（23）下面程序段的运行结果是（　　）。
```
char a[7]="abcdef";char b[4]="ABC"; strcpy(a,b); printf("%s",a);
```

A. abcdef　　B. ABC　　C. ABC ef　　D. abc

（24）下面描述正确的是（　　）。

A. 两个字符串所包含的字符个数相同时，才能比较字符串
B. 字符个数多的字符串比字符个数的字符串大
C. 字符串"STOP␣"与"STOP"相等（␣表示空格）
D. 字符串"That"小于字符串"The"

2. 判断题（对的在题后的括号里打"√"，错的打"×"）

（1）已有定义：char a[]="xyz",b[]={'x','y','z'},则数组 a 和 b 的长度相同。（   ）
（2）数组名其实是数组元素的内存中的首地址。（   ）
（3）在定义二维数组时，可以将该数组的两个维数全部省略。（   ）
（4）字符串"This"大于字符串"that"。（   ）
（5）数组 a 有 m 列，假设该数组按行在内存中存储时，在 a[i][j]前的元素个数为 i*m+j-1。（   ）
（6）数组中只允许存储同种类型的变量。（   ）
（7）程序的输出结果是：0650。（   ）
```
#include<stdio.h>
void main()
{
    int a[4][4]={{1,3,5},{2,4,6},{3,5,7}};
    printf("%d%d%d%d\n",a[0][3],a[1][2],a[2][1],a[3][0]);
}
```
（8）语句 char s[10];scanf("%s",&s[0]);可以为数组 s 正确输入字符串。（   ）
（9）strlen("abc\0dd");的结果是 3。（   ）
（10）执行语句 int a[10]; gets(a);,可以为数组 a 正确赋值。（   ）

第 7 章 函　数

学习 C 语言程序中函数的定义及使用，函数中变量的作用域和存储类别，预编译处理命令的应用。

- 掌握函数的定义、调用和返回值。
- 掌握函数间的数据传递。
- 掌握全局变量、局部变量，以及变量的存储类别。
- 掌握函数的递归调用。
- 掌握编译预处理命令中的文件包含命令和宏定义。

7.1 函数的定义和返回值

一个实用的 C 语言程序总是由许多函数组成的，这些函数可以是 C 提供的库函数，也可以是用户自己或他人编写的函数。但是，一个 C 语言程序无论包含了多少函数，在正常情况下，总是从 main 函数开始执行，在 main 函数结束，与 main 函数在文件中所处的位置无关。本章主要讨论用户自定义函数的定义和使用。

C 语言程序函数定义的形式为：

类型说明符 函数名（类型名 形式参数1，类型名 形式参数2，…）
{
　　说明部分
　　语句部分
}

说明：

（1）函数定义时，可以不用定义形式参数。此时，定义的函数称为无参函数。以下将形式参数简称为形参。例如：

```
void printstar()
{
    printf("****************\n");
}
```

若括号中有参数，则称为有参函数。例如：

```
int max(int x,int y)
{
    int z;
    z=x>y?x:y;
    return z;
}
```

（2）函数名和形参都是由用户定义的标识符。在同一程序中，函数名必须唯一；在同一函数中，形参名唯一，但可以与其他函数中的变量同名。

（3）C 语言程序中，函数不能嵌套定义，即不能在函数的内部再定义函数，但是可以嵌套调用。

（4）函数定义中，类型说明符定义函数返回值的类型。若类型说明符省略，则默认函数返回值的类型为 int 类型。

函数的返回值是通过 return 语句获得的。return 语句的形式如下：

return 表达式；　　或者　　return (表达式)；

说明：

① return 语句中表达式的值就是函数的返回值，因此该表达式值的类型和函数定义的类型应该一致，如果不一致，则以函数定义的类型为准，由系统自动进行转换；

② return 语句还可以终止函数的执行，因此，如果函数中有多个 return 语句，也只执行一个 return 语句；

③ 函数体内若没有 return 语句，这时定义函数的类型为 void 类型，程序的流程一直执行到末尾的"}"，然后返回调用函数，并没有确定的函数值返回。

（5）函数定义时，如果花括号中没有任何语句，此时函数被称为空函数。例如：

```
void dummy()
{    }
```

（6）在函数体中，除形参外，用到的其他变量必须在说明部分进行定义。这些变量，只有在函数被调用时才临时分配内存单元，当函数调用结束后，这些临时分配的内存单元全被释放。

7.2　函数的调用

7.2.1　函数调用的形式

函数调用的一般形式：

函数名(实在参数表列);

若是调用无参函数,则实参表列可以没有,但圆括号不能省略。若实参表列包含多个实参,则各个参数间用逗号隔开。实参与形参的个数应相等,类型应匹配。实参与形参按顺序对应,一一传递数据。

函数在调用时,实参可以是表达式、变量、常数,而形参只能是变量。函数调用可以作为另外一个函数调用的参数。例如:

```
#include<stdio.h>
int fun(int a,int b)
{
    if(a>b)
        return (a+b);
    else
        return (a-b);
}
void main()
{
    int x=3,y=8,z=6,r;
    r=fun(fun(x,y),2*z);
    printf("%d\n",r);
}
```

7.2.2 对被调用函数的说明

C语言程序中,除了主函数外,用户自定义函数遵循"先定义,后使用"的原则。因此,若函数定义在函数调用的前面,则无须加函数说明。如果函数的定义在函数调用的后面,则在函数调用语句前应进行函数说明。

函数说明语句形式:

类型名 函数名(类型名,类型名,…)

也可采用下面的形式:

类型名 函数名(类型名 参数名1,类型名 参数名2,…)

由定义形式可以得出,函数说明语句与函数定义中的首部应一致,并且参数名可以省略。例如:

```
#include<stdio.h>
void main()
{
    int max(int ,int);          /*函数说明*/
    int a,b,c;
    a=3; b=5;
    c=max(a,b);                 /*函数调用*/
    printf("%d",c);
```

```
}
int max(int a,int b)              /*函数定义*/
{
    int c;
    c=a>b?a:b;
    return c;
}
```

在上例中,函数说明语句位于 main 函数内,函数调用语句之前。另外,函数说明语句也可位于所有函数的外部,在被调用之前说明函数。

```
#include<stdio.h>
int max(int,int);                 /*函数说明*/
void main()
{
    int a,b,c;
    a=3; b=5;
    c=max(a,b);                   /*函数调用*/
    printf("%d",c);
}
int max(int a,int b)              /*函数定义*/
{
    int c;
    c=a>b?a:b;
    return c;
}
```

7.2.3 函数间变量作参数的传递

C 语言程序中,在执行函数调用语句时,数据从实参单向传递给形参,称为"按值"传递。实参和形参占用不同的内存空间。若用户在被调用函数中改变形参的值,对实参无影响。

例 7.1 下列程序的输出结果是(　　)。

```
#include<stdio.h>
int fun(int a,int b,int c)
{
    c=a*b;
}
void main()
 {
    int c=5;
    fun(2,3,c);
    printf("%d\n",c);
```

}

【解析】程序从 main 函数开始运行，运行期间变量的传递过程如图 7.1 所示。

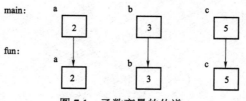

图 7.1 函数变量的传递

可以看出，实参和形参虽然同名，但并不占用同一内存。程序运行过程中，将 fun 函数中变量 c 的值改为 6，但 main 函数中变量 c 的值仍为 5，未发生改变。因此，本题的答案为 5。

例 7.2 下列程序的输出结果（　　）。

```c
#include<stdio.h>
void try(int,int,int);
void main()
{
    int x=2,y=3,z=0;
    printf(" (1)x=%d y=%d z=%d\n",x,y,z);
    try(x,y,z);
    printf(" (4)x=%d y=%d z=%d\n",x,y,z);
}
void try(int x,int y,int z)
{
    printf(" (2)x=%d y=%d z=%d\n",x,y,z);
    z=x+y;
    x=x*x;
    y=y*y;
    printf(" (3)x=%d y=%d z=%d\n",x,y,z);
}
```

【解析】程序的输出结果为：

（1） x=2　　y=3　　z=0
（2） x=2　　y=3　　z=0
（3） x=4　　y=9　　z=5
（4） x=2　　y=3　　z=0

程序从 main 函数开始运行，在内存开辟 3 个 int 类型的存储单元 x、y、z，并且赋值为 2、3、0。当调用函数 try 时，程序转去执行 try 函数，这时系统为 try 函数的 3 个形参 x、y、z 分配另外 3 个临时存储单元，同时，将实参 x、y、z 的值传递给形参 x、y、z。当函数 try 执行结束时，形参 x、y、z 被释放内存单元，程序返回到 main 函数中继续执行。

例 7.3 编写函数 isprime(int a)，用来判断自变量 a 是否为素数。若是素数，函数返回整数 1，否则返回 0。素数是只能被 1 和它本身整除的数。

```
#include<stdio.h>
int isprime(int);
void main()
{
    int x,y;
    printf("Enter a integer number:");
    scanf("%d",&x);
    y=isprime(x);
    if(y)
        printf("%d is prime\n",x);
    else
        printf("%d is not prime\n",x);
}
int isprime (int a)
{    }
```

编写 isprime 函数如下：

```
int isprime(int a)
{
    int i;
    for(i=2;i<=a/2;i++)
        if(a%i==0)
            return 0;
    return 1;
}
```

例 7.4 编写函数统计输入字符的个数，用"@"字符结束输入。在主函数中调用此函数，输出统计结果。

```
#include<stdio.h>
long count()
{    }
void main()
{
    long n;
    n=count();
    printf("%d",n);
}
```

编写 count 函数如下：

```
long count()
{
    long n;
    for(n=0;getchar( )!='@';n++);
```

```
        return n;
}
```

7.2.4 函数的嵌套调用和递归调用

在 C 语言中，不能嵌套定义函数，但可以嵌套调用函数，即在调用一个函数的过程中，又调用另一个函数。

在调用一个函数的过程中出现直接或间接地调用该函数本身，则称为函数的递归调用。当函数自己调用自己时，系统将自动把函数中当前的变量和形参暂时保留起来，在新一轮的调用过程中，系统将为该次调用的函数所用到的变量和形参开辟另外的存储单元，递归调用的层次越多，同名变量所占用的存储单元就越多。当本次调用的函数运行结束时，系统将释放本次调用时所占用的存储单元，程序的执行流程返回到上一层的调用点，同时取用当初进入该层时函数中的变量和形参所占用的存储单元中的数据。

例 7.5 下列程序的输出结果是（　　）。

```
#include<stdio.h>
int f(int n)
{
    if(n==1)
        return 1;
    else
        return f(n-1)+1;
}
void main()
{
    int i,j=0;
    for(i=1;i<3;i++)
        j+=f(i);
    printf("%d\n",j);
}
```

【解析】在 main 函数中，第一次调用 f 函数，参数 i 的值为 1，此时函数 f 的返回值为 1；第二次调用 f 函数，参数 i 的值为 2，此时函数 f 递归调用自身，函数最终的返回值为 2。因此，main 函数中 j 的值为 1 和 2 的累加和，值为 3。

7.3　函数间数组做参数的传递

7.3.1　数组元素作函数实参

数组元素也可作函数实参，用法与前面介绍的变量做实参一样，是单向传递，将实参的值传递给形参，是"值传递"。实参和形参占用不同的内存空间。若在被调用函数中改变形参的值，对调用函数中的实参无影响。

例 7.6 编写程序，判断一个包含 10 个元素的数组中有多少个素数。其中，判断素数的过程用函数 isprime(int)来完成。

```c
#include<stdio.h>
int isprime(int a)
{
   int i;
   for(i=2;i<=a/2;i++)
      if(a%i==0)
         return 0;
   return 1;
}
void main()
{
   int n=0,num[10],i,t;
   for(i=0;i<10;i++)
      scanf("%d",&num[i]);
   for(i=0;i<10;i++)           /*通过循环，将调用函数 isprime10 次*/
   {
      t=isprime(num[i]);       /*调用函数 isprime，数组元素作为实参*/
      if(t==1)
         n++;
   }
   printf("数组 num 中共有%d 个素数",n);
}
```

7.3.2 数组名作函数实参

数组名可以作实参。由于数组名代表首元素的地址，因此当数组名作实参时，形参也必须是一个能够存储地址的变量，即为数组名或指针变量。

可将例 7.6 中的程序修改如下：

```c
#include<stdio.h>
int isprime(int a[10])          /*形参是与 num 数组同类型的数组 a*/
{
   int i,j,n=0;
   for(i=0;i<10;i++)
   {  for(j=2;j<=a[i]/2;j++)
         if(a[i]%j==0)
            break;
      if(j>a[i]/2)
```

```
        n++;
    }
    return n;
}
void main()
{
    int,num[10],i,t;
    for(i=0;i<10;i++)
        scanf("%d",&num[i]);
    t=isprime(num);                /*数组名 num 做实参*/
    printf("数组 num 中共有%d 个素数",t);
}
```

在上述程序中可以看出,当实参是数组名时,形参也为数组名。由于传递的是数组首元素的地址,因此实参数组 num 和形参数组 a 占用同一段内存。如果在被调函数中修改数组 a 的元素值,则数组 num 中的元素值也同样发生改变。因此,数组名作实参时,是"地址传送",而且值的传递是双向传递。在传递时,形参应该是与实参同类型的数组。定义形参数组时,数组的大小可以省略。即上例中的函数定义语句可以写成:

```
int isprime(int a[ ])          /*省略数组 a 的大小*/
{
```

例 7.7 下列程序的运行结果是（   ）。

```
#include<stdio.h>
void fun(int b[ ])
{
    int i;
    for(i=2;i<10;i++)
        b[i]=i+10;
}
void main()
{
    int a[10]={1,2,3,4,5,6,7,8,9,10},i;
    fun(a);
    for(i=0;i<10;i++)
        printf("%d  ",a[i]);
}
```

【解析】数组名 a 作实参,传递给形参 b 的是首元素的地址,因此数组 a 和 b 占用同一段内存。在函数 fun 中修改数组 b 的元素值,数组 a 的元素值也同时发生改变。因此,程序的输出结果为 1 2 12 13 14 15 16 17 18 19。

例 7.8 以下程序的输出结果是（   ）。

```
#include<stdio.h>
int f (int b[ ],int n)
```

```
    {
      int i,r=1;
       for(i=0;i<=n;i++)
        r=r*b[i];
       return r;
    }
    void main()
    {
     int x,a[]={2,3,4,5,6,7,8,9};
      x=f(a,3);
      printf("%d\n",x);
    }
```

【解析】数组 a 和数组 b 是同一段内存，因此函数 f 中乘以 b 的元素值，其实也就是乘以数组 a 中的元素值。因此本题的答案是 120。

例 7.9 数组 a 中存放一个学生 5 门课的成绩，求该生的平均成绩。程序中要求用数组名作实参，求的平均成绩作为函数值返回。

```
#include<stdio.h>
double aver(double a[])
{    }
void main()
{
  double a[5];
   int i;
   for(i=0;i<5;i++)
     scanf("%lf",&a[i]);
   printf("%f",aver(a));
}
```

编写 aver 函数如下：

```
double aver(double a[])
{
   double sum=0,average;
    int i;
    for(i=0;i<5;i++)
      sum+=a[i];
    average=sum/5;
    return average;
}
```

例 7.10 编写函数 fun，其功能是：实现 B=A+A'。即将矩阵 A 加上 A 的转置，存放在矩阵 B 中。计算结果在 main 函数中输出。

```
#include<stdio.h>
```

```
void fun(int a[3][3], int b[3][3])
{    }
void main()
{
  int a[3][3]={{1,2,3},{4,5,6},{7,8,9}},t[3][3];
    int i,j;
    fun(a,t);
    for(i=0;i<3;i++)
    {  for(j=0;j<3;j++)
         printf("%7d",t[i][j]);
       printf("\n");
    }
}
```

编写的 fun 函数如下：
```
void fun(int a[3][3], int b[3][3])   /*此处形参也可写成 int a[ ][3], int b[ ][3]*/
{
   int i,j;
   for(i=0;i<3;i++)
    for(j=0;j<3;j++)
      b[i][j]=a[i][j]+a[j][i];
}
```

7.4　局部变量和全局变量

在 C 语言中，变量按照作用域可以划分为局部变量和全局变量。

7.4.1　局部变量

在 C 语言中，在函数内部定义的变量称为局部变量，或者称为内部变量。它只在本函数内有效。不同函数中可以有同名的变量，它们有各自的作用域。形式参数也是局部变量。当一个函数执行结束时，它内部所定义的局部变量也会被释放到内存单元。

在一个函数内部，可以在复合语句中定义变量，这些变量只在本复合语句中有效，这种复合语句也称为"分程序"。复合语句中定义的变量若与同一函数中的变量同名，则在复合语句的作用范围内，有效的是复合语句定义的变量。

例 7.11　以下程序的输出结果是（　　）。
```
#include<stdio.h>
void main()
{
    int a=1,b=2,c=3;
    ++a;
```

```
            c+=++b;
            {
                int b=4,c;
                c=b*3;
                a+=c;
                printf("first:%d,%d,%d\n",a,b,c);
                a+=c;
                printf("second:%d,%d,%d\n",a,b,c);
            }
            printf("third:%d,%d,%d\n",a,b,c);
        }
```

【解析】 程序中，复合语句中定义变量 b 和 c，在所定义的复合语句中有效。在复合语句外部，则是函数内定义的变量 b 和 c 有效。而变量 a 则是在整个函数内都是有效的。因此，本题的答案为：

```
first:14,4,12
second:26,4,12
third:26,3,6
```

7.4.2 全局变量

在函数外部定义的变量称为全局变量，也叫做外部变量。它的有效范围从定义变量的位置开始到本源文件结束。全局变量一旦定义，则在程序的全部执行过程中都占用内存单元。例如：

```
void fun1();
void fun2();
int sum=0;          /*定义全局变量 sum，作用域是整个程序(涵盖了 3 个函数)*/
void main()
{
    …
    sum++;
    …
}
void fun1()
{
    …
    sum++;
    …
}
int test;           /*定义全局变量 test，在 fun2 函数内有效*/
void fun2()
{
```

```
    …
    sum++;
    test=1;
    …
}
```

若全局变量与定义的局部变量同名,则在局部变量的作用范围内,外部变量被"屏蔽",有效的是局部变量。

例 7.12 下列程序的运行结果是(　　)。

```
#include<stdio.h>
void fun(int);
int k=1;
void main()
{
    int i=4;
    fun(i);
    printf("(1)%d,%d\n",i,k);
}
void fun(int m)
{
    m+=k;
    k+=m;
    {
        char k='B';
        printf("(2)%d\n",k-'A');
    }
    printf("(3)%d,%d\n",m,k);
}
```

【解析】在程序中,整型变量 k 是全局变量,作用域是从定义开始到文件结束。与 fun 函数中的局部变量 k 同名,则在 fun 函数内的复合语句中全局变量 k 无效。因此,本题的答案是:

(2) 1

(3) 5,6

(1) 4,6

虽然全局变量作用域较大,用起来方便灵活,但不论是否需要,全局变量在整个程序运行期间都占用内存空间。另外,全局变量在函数外部定义,降低了函数的通用性,影响了函数的独立性。

7.5　变量的存储类别

在 C 语言程序中,变量有两种存储类别:自动类和静态类。自动类是指在程序运行期间根据需要进行动态的分配存储空间的方式。静态类是指在程序运行期间由系统分配固定的存储空间的方式。

在 C 语言程序中，每一个变量和函数都有两个属性：数据类型和数据的存储类别。即变量的定义形式如下：

存储类别 数据类型 变量名；

C 语言程序的存储类别一般用以下 4 种来定义：自动的（auto）、静态的（static）、寄存器的（register）、外部的（extern）。一般局部变量可以用 auto、register、static 定义，全局变量可以用 static、extern 定义。

7.5.1 局部变量的存储类别

1. auto 变量

当在函数内部或复合语句内定义变量时，如果没有指定存储类别，或使用了 auto 说明符，系统就认为所定义的变量具有自动类别。

  int a; 等价于 auto int a;

auto 变量的存储类别是动态的。即当变量所在的函数开始执行时，系统自动为 auto 变量分配内存单元，函数执行结束时，自动释放这些存储单元。

2. register 变量

register 变量也是自动类变量，将变量的值保存在寄存器里，而不像一般变量那样占内存单元，以提高程序访问变量的速度及运行速度。

  register int a;

虽然寄存器变量可以提高程序的运行速度，但寄存器的容量是有限的，因此只能说明少量的寄存器变量。另外，由于寄存器变量放在寄存器里，因此此类变量没有地址。

3. static 变量

用 static 声明的局部变量称为静态局部变量。此类变量具有静态类型，即在程序运行过程中始终占有内存单元；但同时它也具有局部变量的特点，在所定义的函数内部有效。

静态局部变量的初值是在编译时赋予的，即只赋初值一次，在程序运行时它已有初值，以后每次调用函数时不再重新赋初值而只是保留上次函数调用结束时的值。如果静态局部变量未被赋初值，则系统自动赋值为 0。而动态局部变量若未被赋初值，则系统自动赋予不确定值。

例 7.13 分析静态局部变量的值。

```
#include<stdio.h>
void main()
{
    int f (int);
    int a=2,i;
    for(i=0;i<3;i++)            /*通过循环，反复调用函数 f*/
      printf("%d",f(a));
}
```

```
int f (int a)
{
    auto int b=0;
    static int c=3;              /*定义静态局部变量 c*/
    b=b+1;
    c=c+1;
    return (a+b+c);
}
```

【解析】在第一次调用 f 函数时，b 的初值为 0，c 的初值为 3，第 1 次调用结束时，b=1，c=4，a+b+c=7。由于 c 是静态局部变量，当 f 函数执行结束时，a 和 b 都被释放内存单元，但 c 并不释放，仍保留 4。在第 2 次调用函数时，b 的初值为 0，而 c 的初值为 4。因此，运行结果为 7 8 9。

7.5.2　全局变量的存储类别

用 extern 声明全局变量，以扩展全局变量的作用域。

1. 在同一文件内声明全局变量

用 extern 声明全局变量，表示该变量是一个已经定义的全局变量，已经分配了存储单元，不再为它另外分配内存单元。因此，可以从声明的位置起，合法地使用该全局变量。例如：

```
#include <stdio.h>
void main()
{
    int max(int,int);
    extern A,B;                  /*声明 A 和 B 是外部变量*/
    printf("%d",max(A,B));
}
int A=13,B=-8;                   /*定义外部变量*/
int max(int x,int y)
{
    int z;
    z=A>B?A:B;
    return z;
}
```

在该程序中如果不做 extern 声明，则程序出现错误，因为全局变量 A 和 B 只在 max 函数中有效。

2. 不同文件内声明全局变量

一个 C 程序文件可以由多个文件组成。若在其中一个文件中定义全局变量，而在其他用到这些全局变量的文件中用 extern 对这些变量进行说明，声明这些变量已在其他编译单位中定义。例如：

```
file1.c
#include<stdio.h>
int x,y;      /*定义全局变量*/
void fun1();
void fun2();
void fun3();
void main()
{
   fun1();
   fun2();
   fun3();
}
void fun1()
{   x=12; … }
```

```
file2.c
#include<stdio.h>
extern int x;   /*声明全局变量*/
void fun2()
{
   printf("%d",x);
   …
}
void fun3()
{
   x++;
   printf("%d",x);
   …
}
```

3. 静态全局变量

用 static 声明全局变量，则限制该全局变量只能在本文件内使用，不能被其他文件使用。将上例的程序修改如下：

```
file1.c
#include<stdio.h>
static int x,y;    /*定义静态全局变量*/
void fun1();
void fun2();
void fun3();
void main()
{
   fun1();
   fun2();
   fun3();
}
void fun1()
{
   x=12;
   …
}
```

```
file2.c
#include<stdio.h>
extern int x;    /*声明全局变量*/
void fun2()
{
   printf("%d",x);
   …
}
void fun3()
{
   x++;
   printf("%d",x);
   …
}
```

程序中，定义全局变量为静态全局变量。因此，全局变量 x,y 的作用范围仅在 file1.c 中有效。在 file2.c 中，用 extern 声明 x 为外部定义的全局变量，但 file2.c 内也不能引用全局变量 x 和 y。

7.6 编译预处理

在 C 语言程序中，以"#"开头的命令称为预处理命令。预处理命令不是 C 语言程序本身的组成部分，不能直接对它们进行编译。在程序进行通常的编译之前，先对程序中这些特殊的命令进行处理。预处理命令不是 C 语句，因此预处理命令的末尾不用";"结束。命令行可以出现在程序的任何一行的开始部位。

7.6.1 宏定义和调用

1. 不带参数的宏定义

形式：　　#define 宏名　替换文本

define、宏名和替换文本之间用空格隔开。宏名一般用大写字母表示。宏定义中的替换文本可以包含已定义过的宏。但同一个宏名不能重复定义。

例如：

　　　　#define PI 3.14
　　　　#define ADDPI (PI+1)

宏名的有效范围为定义命令之后到本文件结束。可以用#undef 命令终止宏定义的作用域。当宏定义在一行中写不下，需要在下一行继续时，只需在最后一个字符后紧接着加一个反斜线"\"。

2. 带参数的宏定义

形式：　　#define 宏名(参数表) 替换文本

例如：

　　　　#define PI 3.14
　　　　#define S(r) PI*r*r

宏名和后面的括号是连起来的。

当有多个参数时，参数之间用逗号隔开。同一个宏名不能重复定义。

宏替换是在编译前由预处理程序完成的，因此宏替换不占运行的时间。程序在作宏替换时，只是作单纯的替换，替换完成之后，再根据运算符的优先级顺序计算结果。

例 7.14　下列程序的运行结果是（　　　）。

```
#include<stdio.h>
#define ADD(x)   x+x
void main()
{
    int m=1,n=2,k=3;
    int sum=ADD(m+n)*k;
    printf("sum=%d",sum);
}
```

【解析】程序中先执行宏替换：sum=m+n+m+n*k，将 m、n、k 3 个变量的值代入，可计算得 10。因此本题的答案为 10。

例 7.15 下列程序的运行结果是（　　）。

```
#include <stdio.h>
#define MIN(x,y) (x)<(y)?(x):(y)
void main()
{
    int i=10,j=15,k;
    k=10*MIN(i,j);
    printf("%d\n",k);
}
```

【解析】程序中先执行宏替换 k=10*(i)<(j)?(i):(j)，将变量的值代入。由于算术运算符的优先级别高于条件运算符，因此需要先计算乘法。则 k=100<15?10:15，因此最后程序的结果是 15。

7.6.2　文件包含

文件包含，是指在一个文件中去包含另一个文件的全部内容。C 语言程序用#include 命令来实现文件包含。

形式：　#include<文件名>　　或　#include "文件名"

两种形式的区别是：用尖括号时，系统到存放 C 库函数头文件的目录中寻找要包含的文件，这称为标准方式。用双撇号时，系统先在用户当前目录中寻找要包含的文件，若找不到，再按标准方式查找。

文件包含命令通常写在所用源程序文件的开头。头文件名的后缀也可以不是 ".h"。在一个程序中，可以有多个#include 命令行。

练　习　题

1. 选择题

（1）若有以下调用语句，则正确的 fun 函数首部是（　　）。

```
void main()
{
    ⋮
    int a;
    float x;
    ⋮
    fun(x,a);
    ⋮
}
```

A. void fun(int m,float x)   B. void fun(float a,int x)
C. void fun(int m,float x[])   D. void fun(int x,float a)

（2）有如下函数调用语句 func(rec1,rec2+rec3,(rec4,rec5))，该函数调用语句中，含有的实参个数是（   ）。
A. 3   B. 4   C. 5   D. 有语法错误

（3）函数 fun 的功能是：根据以下公式计算并返回 S，n 通过形参传入，n 的值大于等于 0。画线处应填（   ）。

$$1-\frac{1}{3}+\frac{1}{5}-\frac{1}{7}+\cdots+(-1)^{n-1}\frac{1}{2n-1}$$

```
float fun(int n)
{
    float s=0.0,w,t,f=-1.0;
    int i;
    for(i=0;i<n;i++)
     {
        f=-f;
        w=f/(2*i+1);
        s+=w;
     }
     _____;
}
```

A. return (f)   B. return (S)   C. return (s)   D. return (w)

（4）有如下程序，该程序的输出结果是（   ）。
```
#include<stdio.h>
int func(int a,int b)
{
    return(a+b);
}
void main()
{
    int x=2,y=5,z=8,r;
    r=func(func(x,y),z);
    printf("%d\n",r);
}
```
A. 12   B. 13   C. 14   D. 15

（5）函数 pi 的功能是根据以下近似公式求 π 值：(π*π)/6=1+1/(2*2)+1/(3*3)+…+1/(n*n) 请你在下面程序中的画线部分填入（   ），完成求 π 的功能。
```
#include  "math.h"
double pi(long n)
{
```

```
    double s=0.0; long i;
    for(i=1;i<=n;i++)
        s=s+_____;
    return (sqrt(6*s));
}
```
A. 1.0/i/i   B. 1.0/i*i   C. 1/(i*i)   D. 1/i/i

(6) 下列程序的输出结果是（   ）。
```
#include<stdio.h>
int t(int x,int y,int cp,int dp)
{
    cp=x*x+y*y;
    dp=x*x-y*y;
}
void main()
{
    int a=4,b=3,c=5,d=6;
    t(a,b,c,d);
    printf("%d  %d\n",c,d);
}
```
A. 16 9   B. 4 3   C. 5 6   D. 25 9

(7) 以下所列的各函数首部中，正确的是（   ）。
A. void play(var a:Integer,var b:Integer)   B. void play(int a,b)
C. void play(int a,int b)   D. void play(a as integer,b as integer)

(8) 以下程序的输出结果是（   ）。
```
#include<stdio.h>
fun(int x,int y,int z)
{
    z=x*x+y*y;
}
void main()
{
    int a=31;
    fun(5,2,a);
    printf("%d",a);
}
```
A. 0   B. 29   C. 31   D. 无定值

(9) 以下程序的输出结果是（   ）。
```
#include<stdio.h>
f(char s[])
{
```

```
    int i=0,p=0;
    while(s[i++]!='\0')
       p++;
    return(p);
}
void main()
{
    char str[10]="ABCDEF";
    printf("%d\n",f(str));
}
```
A. 3 B. 6 C. 8 D. 10

（10）以下程序的输出结果是（   ）。
```
#include <stdio.h>
f(int b[],int n)
{
    int i,r;
    r=1;
    for (i=0;i<=n;i++)
       r=r*b[i];
    return r;
}
void main()
{
    int x,a[]={2,3,4,5,6,7,8,9};
    x=f(a,4);
    printf("%d\n",x);
}
```
A. 720 B. 120 C. 24 D. 6

（11）以下程序的输出结果是（   ）。
```
#include <stdio.h>
func(int a,int b)
{
    int c;
    c=a+b;
    return c;
}
void main()
{
    int x=6,y=7,z=8,r;
    r=func((x--,y++,x+y),z--);
```

```
        printf("%d\n",r);
}
```
A. 11　　　　　B. 20　　　　　C. 21　　　　　D. 31

（12）以下说法中正确的是（　　）。

A. C 语言程序总是从第一个定义的函数开始执行

B. 在 C 语言程序中，要调用的函数必须在 main( )函数中定义

C. C 语言程序总是从 main( )函数开始执行

D. C 语言程序中的 main( )函数必须放在程序的开始部分

（13）下面程序的输出结果是（　　）。

```
#include<stdio.h>
int m=13;
int fun(int x,int y)
{
    int m=3;
    return(x*y-m);
}
void main()
{
    int a=7,b=5;
    printf("%d\n",fun(a,b)/m);
}
```

A. 1　　　　　B. 2　　　　　C. 7　　　　　D. 10

（14）C 语言程序规定，程序中各函数之间（　　）。

A. 既允许直接递归调用也允许间接递归调用

B. 不允许直接递归调用也不允许间接递归调用

C. 允许直接递归调用不允许间接递归调用

D. 不允许直接递归调用允许间接递归调用

（15）下面函数的功能是（　　）。

```
sss(s,t)
char s[],t[];
{
    int i=0;
    while(t[i])
    {
        s[i]=t[i];
        i++;
    }
    s[i]='\0';
}
```

A. 求字符串的长度　　　　　　　　　　B. 比较两个字符串的大小

C. 将字符串 s 复制到字符串 t 中　　　　D. 将字符串 t 复制到字符串 s 中

（16）以下函数 fun 形参的类型是（　　）。

```
fun(float x)
{
    float y;
    y=3*x-4;
    return y;
}
```

A. int　　　　　　B. 不确定　　　　　　C. void　　　　　　D. float

（17）C 语言程序中规定函数的返回值的类型是由（　　）。

A. return 语句中的表达式类型所决定

B. 调用该函数时的主调用函数类型所决定

C. 调用该函数时系统临时决定

D. 在定义该函数时所指定的类型所决定

（18）以下函数 strtod 的功能是，将一个十进制数字的字符串转换成与它等价的十进制整数值，画线处应填入（　　）。

```
long strtod(char s[])
{
    int i; long n;
    n=0;
    for(i=0;s[i]!='\0';i++)
        n=_____;
    return (n);
}
```

A. n+s[i]-'0'　　　B. n+s[i]　　　C. n*10+s[i]　　　D. n*10+s[i]-'0'

（19）函数 f 的功能是：测定字符串的长度，空白处应填入（　　）。

```
#include<stdio.h>
int f(char s[])
{
    int i=0;
    while(s[i]!='\0')
        i++;
    return (_____);
}
void main()
{
    printf("%d\n",f("goodbye!"));
}
```

A. i-1　　　　　　B. i　　　　　　C. i+1　　　　　　D. s

（20）若被调用函数定义中没有进行函数类型说明，而 return 语句中的表达式类型为 float

型，则被调函数返回值的类型是（　　）。
A. int 型
B. float 型
C. double 型
D. 由系统当时的情况而定

（21）下面程序运行后的输出结果是（　　）。
```
#include<stdio.h>
#define  f(x)   x*x*x
void main()
{
   int a=3,s,t;
   s=f(a+1);
   t=f((a+1));
   printf("%d,%d\n",s,t);
}
```
A. 10,64　　　　B. 10,10　　　　C. 64,10　　　　D. 64,64

（22）下面程序的运行结果是（　　）
```
#include<stdio.h>
#define S(x)   (x)*x*2
void main()
{
   int k=5,j=2;
   printf("%d,",S(k+j));
   printf("%d\n",S(k-j));
}
```
A. 98,18　　　　B. 39,11　　　　C. 39,18　　　　D. 98,11

（23）以下程序的输出结果是（　　）。
```
#include<stdio.h>
double sub(double x,double y,double z)
{
   y-=1.0;
   z=z+x;
   return z;
}
void main()
{
   double a=2.5,b=9.0;
   printf("%f\n",sub(b-a,a,a));
}
```
A. 9.000000　　　B. 9　　　　C. 2.500000　　　D. 2.5

（24）以下程序的输出结果是（　　）。
`#include<stdio.h>`

```
#define N 3
#define M(n) (N+1)*n
void main()
{
   int x;
   x=2*(N+M(2));
   printf("%d\n",x);
}
```
  A. 21   B. 22   C. 20   D. 19

（25）若函数的形参为没有指定大小的一维数组，函数的实参是一维数组名，则传递给函数的是（　　）。

  A. 形参数组的大小   B. 实参数组的大小

  C. 实参数组各元素的值   D. 实参数组的首地址

（26）下列正确的编译预处理命令是（　　）。

  A. #define P(a,b)=strcpy(a,b) B. define PI 3.14159

  C. #define stdio.h   D. #define PI 3.14159

（27）下面程序的输出结果是（　　）。

```
#include<stdio.h>
void fun(int a, int b, int c)
{
   a=456;
   b=567;
   c=678;
}
void main()
{
   int x=10, y=20, z=30;
   fun(x,y,z);
   printf("%d,%d,%d\n",x,y,z);
}
```
  A. 30,20,10 B. 10,20,30 C. 678,567,456 D. 456,567,678

2. 判断题（对的在题后的括号里打"√"，错的打"×"）

（1）若定义时，函数返回值类型为 void，函数仍然可由 return 带回返回值。（　　）

（2）宏定义和文件包含都是 C 语言程序中的编译预处理命令，对它们的处理是在编译前完成的。（　　）

（3）一个函数利用 return 不可能同时返回多个值。（　　）

（4）在 C 语言程序中，不同函数中所定义的变量允许同名。（　　）

（5）在标准 C 语言程序中，宏定义的结尾也要加";"。（　　）

（6）在标准 C 语言程序中，在定义带参数的宏时也要定义参数的类型。（　　）

（7）在程序运行过程中，普通变量做参数时，系统分配给实参和形参的内存单元是相同的。（　　）

（8）在标准 C 语言程序中，函数中只能有一个 return 语句。（　　）

（9）在标准 C 语言程序中，所有函数在调用之前都要进行声明。（　　）

（10）在函数调用时，将函数的实参传递到形参有两种方式，分别是值传递和地址传递。（　　）

第8章 指 针

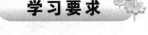

学习 C 语言程序中指针变量、指针数组的定义及使用,以及用指针访问数组和字符串的方式。

- 掌握指针的概念、定义和运算。
- 掌握用指针访问变量的方法。
- 掌握用指针访问数组、字符串的方法。
- 掌握指针、数组名作函数参数的方法。
- 掌握指针数组和指向指针的指针的定义、使用方法。
- 掌握 main( )函数中参数的使用方法。

8.1 指针和指针变量的概念

C 语言程序中定义变量,在对程序编译时,就为变量分配内存单元。内存的每一个单元都是有地址的。一个变量可以被分配多个内存单元,一般认为,第一个内存单元的地址就是该变量的地址。在程序中,变量和变量的地址是一一对应的。当程序想访问变量时,先确定该变量的地址,然后在内存中寻找该地址,再读取该地址内存单元中的内容。因此,C 语言程序中访问变量是通过访问变量的地址来完成的。例如有定义变量的语句:

```
int i;
```

假设程序先在内存中为变量 i 分配 4 个字节 2000、2001、2002、2003。一般认为变量 i 的地址是 2000。输出语句:

```
printf("%d",i);
```

则根据变量 i 的地址是 2000,在内存中寻找地址为 2000、连续 4 个的内存单元,读取数据,再输出。这种按变量地址存取变量值的方式称为"直接访问"方式。

还有另外一种访问方式,称之为"间接访问"方式,将变量 i 的地址存放在另一个变量中。假设定义变量 p 用来存放变量 i 的地址,则变量 p 指向 i。若需访问 i,则首先应访问变量 p,以获得 i 的地址。

变量的地址称为该变量的指针。例如变量 i 的指针是 2000。

用来存放指针的变量称为指针变量。例如变量 p 就是指针变量。

8.2 用指针访问变量

8.2.1 指针变量的定义、赋值

指针变量的定义形式: 类型名 *指针变量名;
例如: int *p;

其中,*是一个类型说明符,说明变量 p 是一个指针变量,即用来存放地址的变量。类型名是指针变量 p 所指向的变量的类型。也可同时定义多个指针变量,例如:

```
int *p1,*p2;
int i=3,j=4;
p1=&i;
p2=&j;
```

指针变量中只能存放地址,不能将一个整数赋给一个指针变量。例如,p=1000 这种赋值是不合法的。

8.2.2 指针变量的引用

对于指针变量,有两个相关的运算符。

(1) &:取地址运算符。

分析下列程序语句是否合法:

```
int i=10,k;
int *p1=&i;        /*合法,p1 指向变量 i*/
int *p2,*p3;
float *p;
p2=&i;             /*合法,p2 指向变量 i*/
p3=p1;             /*合法,p2 的值为&i,即 p2 指向 i*/
k=p3;              /*不合法,k 是一个普通的整型变量,不能将一地址赋给 k*/
p=&i;              /*不合法,p 是一个指向 float 型变量的指针变量,而 i 是整型变量*/
```

(2) *:指针运算符,取其指向的内容。

分析下列程序语句是否合法:

```
int i=10,j=20;
int k,m,n,l;
```

```
int *p1=&i;      /*合法。指针变量 p1 指向 i*/
int *p2;
int *p3;
p2=&j;           /*合法。指针变量 p2 指向 j*/
k=*p1;           /**合法。将*p1 的值 10 赋给 k*/
m=*p2;           /**合法。将*p2 的值 20 赋给 m*/
n=*p3;           /*不合法。p3 未定义，因此*p3 无值*/
*p3=i;           /*不合法。p3 未定义，因此*p3 无值*/
n=p3;            /*不合法。n 是整型变量，不能存放地址*/
l=*p1**p2;       /*合法。即 l=10*20*/
```

说明：

（1）&*p1：*p1 是变量 a，则&*p1 就是&a，即 p1。

（2）*&a：&a 是变量 p，则*&a 就是*p，即 a。

例 8.1 执行以下程序后，a 的值为（　　），b 的值为（　　）。

```
#include<stdio.h>
void main()
{
    int a,b,k=4,m=6,*p1=&k,*p2=&m;
    a=p1==&m;
    b=(-*p1)/(*p2)+7;
    printf("a=%d\n",a);
    printf("b=%d\n",b);
}
```

【解析】程序中 p1 指向 k，p2 指向 m。则*p1 的值为 k 的值 4，*p2 的值为 m 的值 6。a= p1==&m;由于关系运算符的优先级别高于赋值运算符，因此 a 的值为 0，b 的值为 7。

例 8.2 若输入值为 3 和 5，分析以下程序执行过程中变量值的变化。

```
#include<stdio.h>
void main()
{
    int *p_max,*p_min,*p,a,b;
    scanf("%d,%d",&a,&b);
    p_max=&a;   p_min=&b;
    if(a<b)
    {  p=p_max;
       p_max=p_min;
       p_min=p;
    }
    printf("\na=%d,b=%d\n",a,b);
    printf("max=%d,min=%d\n",*p_max,*p_min);
}
```

程序的输出结果是：
a=3,b=5
max=5,min=3

【解析】程序中代码 p=p_max; p_max=p_min; p_min=p;的作用是交换了 p_max 和 p_min 的值。即经过交换之后，p_max 指向 b，p_min 指向 a。但 a 和 b 的值并未发生交换。

【思考】若程序中 if 语句修改如下，则程序的输出结果是什么。

```
int t;
if(a<b)
{
    t=*p_max;
    *p_max=*p_min;
    *p_min=t;
}
```

8.3　数组与指针

8.3.1　一维数组与指针

例如有：int a[10], *p;
　　　　　p=a;

a 是数组名，即数组首元素的地址。将 a 赋给 p，则 p 的值就为数组首元素的地址，p 指向 a[0]元素。因此 p=a 与 p=&a[0]等价。

若 p 已经指向数组首元素，则 p+1 使得 p 指向同一个数组中的下一个元素，而不是将 p 的值简单地加 1。例如，数组元素是 int 型，每个元素占 4 个字节，则 p+1 意味着使 p 的值加 4 个字节，以使它指向下一个元素。因此 p+1 其实代表着 p+1×4，即 a[1]的地址；p+2 则代表着 p+2×4，即 a[2]的地址。因此，p+i 则为 a[i]的地址，*(p+i)则为 a[i]。

根据以上叙述，引用一个数组元素，可以用：
（1）下标法。如 a[i]，p[i]等形式。
（2）指针法。如*(p+i),*(a+i)等形式。

说明：指针变量 p 可以执行 p++运算，但 a++是错误的用法。因为 a 是地址常量，不能进行自增运算。

例 8.3　若有以下定义，则对 a 数组元素的正确引用是（　　）。
int a[5],*p=a;
A. *&a[5]　　　　　B. a+2　　　　　C. *(p+5)　　　　　D. *(a+2)

【解析】数组 a 共有 5 个元素，分别是 a[0],a[1],a[2],a[3],a[4]，并没有 a[5]元素，因此选项 A 和 C 是错误的。选项 B 是 a[2]的地址，而不是数组元素。所以，本题的答案为 D。

例 8.4　下面程序的运行结果是（　　）。
```
#include<stdio.h>
void main()
```

```
{
    int x[]={0,1,2,3,4,5,6,7,8,9};
    int s=0,i,*p;
    p=&x[0];
    for(i=1;i<10;i+=2)
        s+=*(p+i);
    printf("sum=%d",s);
}
```

【解析】 程序中,*(p+i)等价于 x[i]。因此,程序就是求 x[1]、x[3]、x[5]、x[7]、x[9]的和。本题的答案为 sum=25。

例 8.5 通过指针变量输入、输出 a 数组的 10 个元素。

```
#include<stdio.h>
void main()
{
    int *p,i,a[10];
    p=a;
    for(i=0;i<10;i++)
        scanf("%d",p++);
    printf("\n");
    p=a;                    /*思考:若程序中无此语句,则结果如何*/
    for(i=0;i<10;i++,p++)
        printf("%5d",*p);
    printf("\n");
}
```

8.3.2 二维数组与指针

二维数组可以看成是特殊的一维数组。例如:

`int a[3][4]={{1,3,5,7},{9,11,13,15},{17,19,21,23}};`

a 是一个数组名。a 数组包含 3 个元素 a[0],a[1],a[2]。而每一个元素又是一个一维数组,它包含 4 个元素。即 a[0],a[1],a[2]分别代表 4 个元素的一维数组。因此,a[0]是它所代表的一维数组中首元素的地址,即&a[0][0]。则 a[0]+1 代表&a[0][1]。a[1]是它所代表的一维数组中首元素的地址,即&a[1][0]。则 a[1]+1 代表&a[1][1]。

a 代表数组首元素的地址,二维数组可看成是 3 个元素的一维数组。因此,a 是二维数组首行元素的地址。

a[i][j]的地址可通过下列几种方式得到:

- &a[i][j]
- a[i]+j
- *(a+i)+j
- &a[0][0]+4*i+j

- a[0]+4*i+j

a[i][j]元素可以用以下几种方式得到：
- a[i][j]
- *(a[i]+j)
- *(*(a+i)+j)
- *(&a[0][0]+4*i+j)
- (*(a+i))[j]

8.4 字符串与指针

C语言中字符串不能由字符变量来存储，只能通过字符数组或指针两种方式来访问。第 6 章已经介绍了用数组来访问字符串，例如 char str[ ]= "ABC";。本节主要介绍用指针访问字符串的方法。

定义一个字符指针，指向字符串中的字符。例如：

char *str1="ABC";

说明：

（1）str1 是一字符指针，它是字符串首元素的地址，即指针 str1 指向字符 A。它与字符数组不同。char str2[ ]= "ABC";，此时是将字符串 ABC 赋给了字符数组 str2。

使用字符指针和字符数组来访问字符串，如果是在定义的同时赋值，那两者都可以。但如果是先定义后赋值，则两者是有区别的。

char *str1;

str1="ABC";   /*合法。将字符串首元素的地址赋给指针变量 str1*/

char str2[4];

str2="ABC";   /*不合法。因为数组名是一地址常量，不能给数组名赋值*/

（2）用字符指针来访问的字符串，也可通过"%s"来整体输入或输出，或使用字符串处理函数。

例 8.6 下列程序段的运行结果是（   ）。

char *s="abcde";
s+=2;
printf("%d",s);
printf("%s",s);

【解析】程序中，指针 s 起初是指向字符'a'，经过 s+=2 之后，s 指向字符'c'。利用"%s"格式来输出字符串，是指从 s 所指的字符开始输出，直到遇到'\0'为止。因此第一个输出结果是字符'c'的地址，第二个语句的输出结果是 cde。

例 8.7 下列程序的运行结果是（   ）。

char *p="abcdefgh";
p+=3;
printf("%d\n",strlen(strcpy(p, "ABCD")));

【解析】程序中 p+=3，则 p 指向字符'd'，再执行 strcpy (p, "ABCD")语句之后，从 p 指向的字符开始变成 ABCD\0。因此，本题的答案是 4。

例8.8 设有两个字符串a、b,将a、b的对应字符的较大者存放在数组c的对应位置上。

```
#include<stdio.h>
#include<string.h>
void main()
{
    int k=0;
    char a[80],b[80],c[80]={'\0'},*p,*q;
    p=a;  q=b;  gets(a);  gets(b);
    while(*p&&*q)
    {   if(*p<*q)   c[k]=*q;
        else        c[k]=*p;
        p++;  q++;  k++;
    }
    if(*p!='\0')
        strcat(c,p);
    else
        strcat(c,q);
    puts(c);
}
```

例8.9 编写程序,判断输入的字符串是否是"回文"(顺读和倒读都一样的字符串称为回文,如level)。

```
#include<stdio.h>
#include<string.h>
void main()
{
    int n;
    char s[80],*p1,*p2;
    gets(s);
    n=strlen(s);
    p1=s;
    p2=s+n-1;
    while(p1<p2)
    {   if(*p1!=*p2)  break;
        else  {p1++;p2--;}
    }
    if(p1<p2)   printf("不是回文\n");
    else  printf("是回文\n");
}
```

8.5 指针作函数参数

8.5.1 指针变量作函数参数

指针变量作函数参数，传递的是地址，则对应的形参也应是能接收地址的变量，如数组或指针变量。将实参指针变量的值传递给形参指针变量，则两个变量中的值相等，两个指针变量指向同一段内存单元。

例如：对输入的两个整数按大小顺序输出。

```
#include<stdio.h>
void main()
{
    void swap(int *p1,int *p2);
    int a,b;
    int *pointer_1,*pointer_2;
    scanf("%d,%d",&a,&b);
    pointer_1=&a;
    pointer_2=&b;
    if(a<b)    swap(pointer_1,pointer_2);
    printf("\n%d,%d\n",a,b);
}
void swap(int *p1,int *p2)
{
    int temp;
    temp=*p1;
    *p1=*p2;
    *p2=temp;
}
```

在程序中，pointer_1、pointer_2 指针分别指向 a 和 b。在调用 swap 函数时，将 pointer_1、pointer_2 的值，即&a、&b 传递给形参 p1、p2，所以，p1、p2 也分别指向 a 和 b。在 swap 函数中进行数据交换，交换的是 p1、p2 所指向的变量的值，即交换 a 和 b 的值。因此，程序最后的执行结果 a 中存放最大值，b 中存放最小值。

【思考】若 swap 函数作如下改动，结果有什么不同？

```
void swap(int *p1,int *p2)
{
    int *temp;
    temp=p1;
    p1=p2;
    p2=temp;
```

}
```

**【解析】** 程序中，交换的是 p1、p2 的值，即经过交换之后，p1 指向 b，p2 指向 a。但 a 和 b 变量本身的值未发生任何改变。

**例 8.10** 以下程序的运行结果是（　　）。

```
#include<stdio.h>
void fun(int *x,int *y)
{
    printf("%d  %d",*x,*y);
    *x=3+*y;
    *y=4+*x;
}
void main()
{
    int x=1,y=2;
    fun(&y,&x);
    printf("%d  %d",x,y);
}
```

【解析】 程序中形参 x、y 是指针变量，分别指向 main 函数中的变量 y 和 x。本题的答案为 2 1 8 4。

8.5.2　数组名作函数参数

在 C 语言程序中，当数组名作函数参数时，对应的形参也应是数组名或指针变量。在第 7 章中已经介绍过形参是数组名的情况，本节将介绍对应的形参为指针的情况。

当数组名作实参时，传递的是数组首元素的地址，所以形参指针变量指向实参数组的首元素。

例 8.11 以下程序的运行结果是（　　）。

```
#include<stdio.h>
void fun(int *b, int n, int *s)
{
    int i;
    *s=0;
    for(i=1;i<=n;i++)
        *s=*s+*(b+i);
}
void main()
{
    int x=1,a[]={2,3,4,5,6};
    fun(a,3,&x);
    printf("\n%d",x);
```
```

}

【解析】程序执行过程中经过函数传递,形参 b 指向数组 a 的首元素,n 的值为 3,s 指向变量 x。在函数 fun 中,通过循环,将数组 a 中的 a[1]、a[2]、a[3]累加,并赋给*s,即变量 x 的值。本题的答案为 12。

例 8.12 下面 findmax 函数将计算数组中的最大元素及其下标值。请编写 findmax( )函数。

```
#include<stdio.h>
void findmax(int *s, int t, int *k)
{   }
void main()
{
    int a[10]={12,23,34,45,56,67,78,89,11,22},k;
    findmax(a,10,&k);      /*变量 k 用来存放最大元素的下标*/
    printf("%d,%d\n",a[k],k);
}
```

findmax 函数编写如下:

```
void findmax(int *s, int t, int *k)    /*s 指针变量,指向数组 a 的首元素*/
{
    int max=*s,i;
    *k=0;
    for (i=0;i<t;i++,s++)
        if (max<*s)
            { max=*s; *k=i; }
}
```

8.5.3 字符指针作函数参数

字符指针作函数参数,参数传递原理与普通指针作函数参数相同。将实参指针变量的值传递给形参指针变量,则两个变量中的值相等,两个指针变量指向同一段内存单元。

例 8.13 执行以下程序时,若从键盘输入"My Book<回车>",则程序的运行结果是(   )。

```
#include<stdio.h>
char fun(char *s)
{
    if(*s<='Z'&&*s>='A')   *s+=32;
    return *s;
}
void main()
{
    char c[80],*p;
    p=c;
    scanf("%s",p);
```

```
    while(*p)
      {*p=fun(p); putchar(*p); p++;}
    printf("\n");
}
```

A. mY Book   B. my book   C. my   D. My Book

【解析】在程序中，scanf 语句用"%s"输入字符串，在遇到空格时认为字符串结束。因此，p 接收到的字符串是 My。在 fun 函数中，将字符串中的大写字母转换为小写字母。因此，本题的答案为 C。

例 8.14 下面程序的功能是将字符串 b 复制到字符串 a。请填空。

```
#include<stdio.h>
s (char *s, char * t)
{
    int i=0;
    while(_____)
       _____;
}
void main( )
{
    char a[20],b[20];
    scanf("%s",b);
    s(_____);
    puts(a);
}
```

【解析】main 函数中横线处应填内容为"a,b"。s 函数中横线处应填内容依次为"(s[i]=t[i])!='\0'"和"i++"。程序中 s 函数的形参是两个指针，因此函数调用语句中的两个实参应该是数组名或指针，分析题意可得，main( )函数中所填内容为"a,b"。s 函数中，需要把 t 指向的数组值赋给 s。s[i]的写法是前面介绍过的访问数组元素的下标法。

例 8.15 下面 conj 函数的功能是将两个字符串 s1、s2 连接起来。请编写函数 conj( )。

```
#include<stdio.h>
void conj(char *p1,char *p2)
{  }
void main( )
{
    char s1[80],s2[80];
    gets(s1);
    gets(s2);
    conj(s1,s2);
    puts(s1);
}
```

编写的 conj 函数如下：

```
void conj(char *p1,char *p2)
{
    while(*p1)   p1++;
    while(*p2)
    {   *p1=*p2;
        p1++;
        p2++;
    }
    *p1='\0';
}
```

例 8.16 编写函数,将字符串中从第 m 个字符开始的全部字符复制成另一个字符串。

```
#include<stdio.h>
void copy(char *p1,char *p2,int m)
{   }
void main()
{
    char s1[80],s2[80];
    int m;
    scanf("%d",&m);
    gets(s2);
    copy(s1,s2,m);
    puts(s1);
}
```

编写的 copy 函数如下:

```
void copy(char *p1,char *p2,int m)
{
    p2=p2+m-1;
    while(*p2!='\0')
    { *p1=*p2;   p1++;   p2++;}
    *p1='\0';
}
```

8.6 返回指针值的函数

返回指针值的函数的定义形式为:
类型名 *函数名(参数表列);
例如:
```
int *func(int x, int y)
{
    int *p;
```

```
    if(x>y)   p=&x;
    else      p=&y;
    return p;
}
```

定义 func 函数的返回值的类型是指向整型变量的指针。因此，程序中 return 后的表达式也应该是一个指向整型变量的指针。

8.7 指针数组和指向指针的指针

8.7.1 指针数组

一个数组，若其元素均为指针类型数据，则称为指针数组。定义形式：

类型名 *数组名[数组长度];

例如：`int *p[4];`

p 是一个含 4 个元素的数组，而且每个元素都是指向整型数据的指针。

注意：`int (*p)[4];` 中 p 是一个指针变量，指向一个含 4 个元素的一维数组。

若有说明 `char *language[ ]={ "FORTRAN","BASIC","PASCAL","JAVA","C"};` 则 language[2] 是一指针，指向字符串 PASCAL 的首元素。因此，该元素的值是一地址，*language[2]的值是字符'P'。

例 8.17 以下程序运行后的输出结果是（   ）。

```
#include<stdio.h>
void main()
{
    char *a[]={"abcd","ef","gh","ijk"};
    int i;
    for(i=0;i<4;i++)
      printf("%c",*a[i]);
}
```

A. aegi   B. dfhk   C. abcd   D. abcdefghijk

【解析】本题的答案为 A。在程序中，a 是一个指针数组，a[0]、a[1]、a[2]、a[3]分别指向各字符串的首元素。在输出语句中，使用格式说明符"%c"，是输出单个字符。因此，答案是 A。

【思考】若上例中的输出语句改为 printf("%s",a[i])。则程序的结果是什么？

8.7.2 指向指针的指针

定义形式：类型名 **指针变量名

例如：int i=3,*p1,**p2;
        p1=&i;
        p2=&p1;

在以上程序代码中，*p1 和 i 等价，*p2、p1、&i 等价，**p2、*p1、i 等价。

例 8.18 分析以下程序段。
```
char *name[]={"Follow me","BASIC","Great Wall","FORTRAN","Computer design"};
char **p;
p=name+2;
printf("%o",*p);
printf("%s\n",*p);
```
【解析】在程序代码中，name 是数组名，即数组首元素的地址，name+2 则为元素 name[2] 的地址，name[2]本身就是一指针，指向字符串 Great Wall 首元素，将 name[2]的地址赋给 p，因此，p 是指向指针的指针。第一个语句输出字符 G 的地址。第二个语句输出字符串 Great Wall。

例 8.19 下面程序的运行结果是（　　）。
```
#include<stdio.h>
void main()
{
    int x[5]={2,4,6,8,10},*p,**pp;
    p=x;    pp=&p;
    printf("%d",*(p++));
    printf("%3d\n",**pp);
}
```
A. 4　4　　　　　B. 2　4　　　　　C. 2　2　　　　　D. 4　6

【解析】本题的答案为 B。p 指向 x[0]，pp 指向 p。第一个输出语句执行时，p 执行自增运算，p 指向 x[1]，但由于是后加运算，所以 p++表达式的值仍是 x[0]的地址，因此，第一个输出的值为 2，第二个输出的值为 4。

8.8　函数的进一步讨论

8.8.1　main( )函数的参数

在 C 语言程序中，有指针数组作 main( )函数的形参。例如：
```
void main( int argc, char *argv[ ] )
```
main( )函数中形参 argc 是指命令行中参数的个数（文件名也是一个参数），argv 是一个指针数组，该数组的每个元素都指向一个字符串。

例如：在以下程序中，当输入"myc OK! GOOD<CR>"后，程序的执行结果是（　　）。
```
#include<stdio.h>
void main (int argc,char *argv[])
{
    int i;
    printf("%d\n",argc);
    for(i=1;i<argc;i++)
```

```
        printf("%s",argv[i]);
    printf("\n");
}
```

程序中 argc 的值为 3，argv[0]指向字符串"myc"，argv[1]指向字符串"OK!"，argv[2]指向字符串"GOOD"。因此，程序的运行结果为"OK!GOOD"。

8.8.2 指向函数指针变量的定义

在 C 语言程序中，函数名代表该函数的入口地址，因此可以定义一种指向函数的指针来存放这种地址。例如：

```
#include<stdio.h>
double fun (int a,int *p)
{ … }
void main()
{
    double (*fp)(int ,int *),y; int n;   //定义变量 fp 为指向函数的指针变量
    fp=fun;                              //变量 fp 指向函数 fun
    y=(*fp)(56,&n);                      //通过指向函数的指针调用 fun 函数
}
```

注意：若定义 `double *fp(int ,int *);`，则 fp 是一个返回值为指针的函数。

例 8.20 设有以下函数
```
void fun(int n,char * s) {…}
```
则下面对函数指针的定义和赋值正确的是（　　）。

A. void (*pf)( ); pf=fun;   B. void *pf( ); pf=fun;
C. void *pf( ); *pf=fun;   D. void (*pf)(int,char);pf=&fun;

【解析】本题的正确答案是 A。选项 B 和选项 C 定义的 pf 是一个返回值为指针的函数。选项 A 和 D 定义了一个指向函数的指针。函数名本身就代表函数的入口地址，因此选项 D 中的赋值语句是错误的。

练 习 题

1. 选择题

（1）定义语句 `double x,y,*px,*py;` 执行了 `px=&x;py=&y;` 之后，正确的输入语句是（　　）。
A. scanf("%f%f",x,y);   B. scanf("%f%f"&x,&y);
C. scanf("%lf%le",px,py);   D. scanf("%lf%lf",x,y);

（2）以下定义语句中正确的是（　　）。
A. int a=b=0;   B. char A=65+1,b='b';
C. float a=1,*b=&a,*c=&b;   D. double a=0.0; b=1.1;

（3）以下叙述中正确的是（　　）。

A. 如果 p 是指针变量，则&p 是不合法的表达式
B. 如果 p 是指针变量，则*p 表示变量 p 的地址值
C. 在对指针进行加、减算术运算时，数字 1 表示 1 个存储单元的长度
D. 如果 p 是指针变量，则*p+1 和*(p+1)的效果是一样的

（4）设已有定义 float x;，则以下对指针变量 p 进行定义且赋初值的语句中正确的是（   ）。

A. int *p=(float)x;   B. float *p=&x;
C. float p=&x;   D. float *p=1024;

（5）以下程序段完全正确的是（   ）。

A. int *p; scanf("%d", &p);   B. int *p; scanf("%d", p);
C. int k, *p=&k; scanf("%d", p);   D. int k, *p; *p=&k; scanf("%d", p);

（6）若已定义 char s[10];，则在下面表达式中不表示 s[1]的地址的是（   ）。

A. s+1   B. s++   C. &s[1]   D. &s[0]+1

（7）如果定义 float a[10], x;，则以下叙述中正确的是（   ）。

A. 语句 a = &x; 非法的
B. 表达式 a+1 是非法的
C. 3 个表达式 a[1]、*(a+1)、*&a[1]表示的意思完全不同
D. 表达式*&a[1]是非法的，应该写成 *(&(a[1]))

（8）若有以下定义 int x[10], *pt=x;，则对 x 数组元素的正确引用是（   ）。

A. *&x[10]   B. *(x+3)   C. *(pt+10)   D. pt+3

（9）有如下程序段：
int a[10]={1,2,3,4,5,6,7,8,9,10};
int *p=&a[3],b; b=p[5];
则 b 的值是（   ）。

A. 5   B. 6   C. 9   D. 8

（10）若指针变量 p 指向整型数组 a[10]的首地址，即 p=a，则下列数组元素 a[i](0<i<10)的表示方法中正确的是（   ）。

A. p+i   B. &(a+i)   C. *(a+i)   D. *(p+i*2)

（11）若有定义语句 char s[10]="1234567\0\0";，则 strlen(s)的值是（   ）。

A. 7   B. 8   C. 9   D. 10

（12）以下语句的输出结果是（   ）。
printf("%d\n",strlen("\t\"\065\xff\n"));

A. 5
C. 8
B. 14
D. 输出项不合法，无正常输出

（13）下面说明不正确的是（   ）。

A. char a[10]= "china";   B. char a[10],*p=a; p="china";
C. char *a; a="china";   D. char a[10],*p; p=a="china";

（14）设有定义 char *c;，则以下选项中能够使字符型指针 c 正确指向一个字符串的是（   ）。

A. char str[ ]= "string";c=str;   B. scanf("%s",c);

C. c=getchar( );   D. *c="string";

（15）以下程序的运行结果是（　　）。
```
#include<stdio.h>
int k=5;
void f(int *s)
{
    s=&k;
    *s=7;
}
void main( )
{   int m=3;
    f(&m);
    printf("%d,%d\n",m,k);
}
```
A. 3,7　　　　B. 7,7　　　　C. 5,7　　　　D. 3,5

（16）有以下程序：
```
#include<stdio.h>
void main()
{
    int a=2, *ptr;
    ptr = &a;
    *ptr = 8;
    a = (*ptr) ++;
    printf("%d,%d\n", a, *ptr);
}
```
程序运行后的输出结果是（　　）。
A. 9,9　　　　B. 8,9　　　　C. 2,4　　　　D. 0,4

（17）下列程序的输出结果是（　　）。
```
#include<stdio.h>
int b=2;
int func(int *a)
{ b+=*a; return b;}
void main()
{   int a=2,res=2;
    res+=func(&a);
    printf("%d\n",res);
}
```
A. 4　　　　B. 6　　　　C. 8　　　　D. 10

（18）有以下程序：
#include<stdio.h>

```
void main()
{
   int a[]={ 10,20,30,40 }, *p=a, i;
   for( i=0; i<=3; i++ )
   { a[i] = *p;   p++; }
   printf("%d\n", a[2] );
}
```
程序运行后的输出结果是（　　）。

A. 10　　　　　　B. 20　　　　　　C. 30　　　　　　D. 40

（19）以下程序运行后的输出结果是（　　）。
```
#include <stdio.h>
void fun(char *s)
{
   while(*s)
   { if(*s%2==0)   printf("%c",*s);
     s++;
   }
}
void main()
{
   char a[]={"good"};
   fun(a);
   printf("\n");
}
```
A. d　　　　　　B. go　　　　　　C. god　　　　　　D. good

（20）以下程序的输出结果是（　　）。
```
#include<stdio.h>
void ss(char *s,char t)
{
   while(*s)
   { if(*s==t)    *s=t-'a'+'A';
     s++;
   }
}
void main()
{
   char str1[20]="abcddfefdbd",c='d';
   ss(str1,c);
   printf("%s\n",str1);
}
```

A. ABCDDEFEDBD B. abcDDfefDbD
C. abcAAfefAbA D. Abcddfefdbd

2. 判断题（对的在题后的括号里打"√"，错的打"×"）

（1）在 int *p 和语句 printf("%d", *p)中，*p 含义相同。（   ）

（2）变量的指针指的是变量的名字。（   ）

（3）若有定义 int *p,a;p=&a;，则*p 指的是变量 a 的地址。（   ）

（4）指针变量中只能存放地址。（   ）

（5）int a[5],*p;，其中 a 是地址常量，p 为地址变量。（   ）

第9章 结构体与共用体

学习目标

学习结构体、共用体的定义和引用方法。

学习要求

- 掌握结构体（struct）的定义、引用和应用。
- 理解新类型定义符（typedef）和共用体（union）的用法。

9.1 用 typedef 定义新类型

C语言程序允许由用户自己定义类型说明符，即允许由用户为数据类型取"别名"。新类型定义符 typedef 可用来完成此功能，其语句一般形式为：

`typedef 原类型名 新类型名；`

其中，"原类型名"是已有的类型标识符，"新类型名"是一个用户自定义标识符，可以代替"原类型名"，原类型名依然有效。例如：

`typedef int INTEGER;`

该语句用新类型名 INTEGER 来代替已有的 int 类型名。在此定义后，可以用 INTEGER 来定义整型变量。例如：

`INTEGER a,b;　　/*等效于 int a,b;*/`

用 typedef 定义数组、指针、结构体等类型将带来很大的方便，使程序书写简单而且使意义更为明确，增强了可读性。

例如：

（1）`typedef char NAME[20];` 表示 NAME 是字符数组类型，数组长度为 20。再用 NAME 说明变量，如：

`NAME a1,a2,s1,s2;　　/*等效于 char a1[20],a2[20],s1[20],s2[20];*/`

（2）typedef char *CHARP; 表示 CHARP 是指向字符类型的指针类型，再用 CHARP 定义变量，如：

CHARP p; /*等效于 char *p;*/

（3）用 typedef 定义结构体类型，在 C 语言编程中经常用到，将在下一节中详细介绍。

注意：

① typedef 只能为已有类型说明一个新名，并不是增加一个新的类型；

② typedef 不能为变量说明一个新名。

例 9.1 下列关于 typedef 的叙述错误的是（　　）。

A. 用 typedef 可以增加新类型。

B. typedef 只是将已存在的类型用一个新的名字来代表。

C. 用 typedef 可以为各种类型说明一个新名，但不能用来为变量说明一个新名。

D. 用 typedef 为类型说明一个新名，通常可以增加程序的可读性。

【解析】typedef 只能用新的类型名来说明已有的类型名，不能增加新的类型。本题的正确答案为 A。

9.2　结构体类型

在实际问题中，一组数据往往具有不同的数据类型。例如，在学生信息表中，学号可为整型或字符串型，姓名应为字符串型，年龄应为整型，性别应为字符型，成绩可为整型或实型。见表 9.1。

表 9.1　学生信息表

学号	姓名	性别	年龄	成绩
1001	Tom	M	19	90
1002	Jack	M	20	85.5
1003	Lucy	F	18	95.5

显然，以上记录不能用一个数组来存放。因为数组中各元素的类型和长度都必须一致，以便于编译系统处理。为了解决这个问题，C 语言程序中给出了另一种构造数据类型——结构体。它相当于其他高级语言中的记录。结构体是一种构造类型，它是由若干"成员"组成的，如表 9.1 中的"学号"、"姓名"、"性别"等都为其成员。每一个成员可以是一个基本数据类型，也可以又是一个构造类型。既然结构体是一种"构造"而成的数据类型，那么在说明和使用之前必须先定义它，也就是构造它。

9.2.1　结构体类型的定义

1. 定义一个结构体的一般形式

```
struct 结构体名
{     类型标识符    成员名1;
```

```
        类型标识符        成员名 2;
                      ...
        类型标识符        成员名 n;
};
```
其中，struct 是关键字，其功能是用来定义结构体。

2. 定义结构体类型举例

表 9.1 中的学生信息包括：学号，姓名，性别，年龄，成绩。定义如下：
```
struct student
{
    int num;                /*学号*/
    char name[20];          /*姓名*/
    char sex;               /*性别*/
    int age;                /*年龄*/
    float score;            /*成绩*/
};
```
在这个结构体中，struct student 为结构体类型名，它由 5 个成员组成。第 1 个成员为 num，整型变量；第 2 个成员为 name，字符数组；第 3 个成员为 sex，字符变量；第 4 个成员为 age，整型变量；第 5 个成员为 score，实型变量。

注意：

（1）在括号后的分号是不可少的。

（2）结构体名和成员名的命名应符合标识符的书写规定。

（3）结构体定义之后，即可进行变量说明，凡说明为 struct student 结构体类型的变量都由上述 4 个成员组成。

如果考虑 10 门课的成绩，加上总成绩与平均成绩，可作如下定义：
```
struct student1
{
    int num;                /*学号*/
    char name[20];          /*姓名*/
    char sex;               /*性别*/
    int age;                /*年龄*/
    float score[10];        /*10 门课的成绩成绩*/
    float  sum, ave;        /*总成绩,平均成绩*/
};
```

9.2.2 结构体变量定义、成员引用和初始化

1. 结构体变量的定义

说明结构体变量有以下 3 种方法，以上面定义的 student 为例来加以说明。

1）先定义结构体类型，再说明结构体变量
```
struct student
{
    int num;
    char name[20];
    char sex;
    int age;
    float score;
};                           /*结构体类型定义*/
struct student  s1,s2;   /*变量 s1、s2 为 struct student 类型*/
```
2）在定义结构体类型的同时说明结构体变量。
```
struct student
{
    int num;
    char name[20];
    char sex;
    int age;
    float score;
}s1,s2;      /*s1、s2 紧跟在结构体定义后，中间没有标点符号*/
```
3）直接说明结构体变量
```
struct                      /*省略了结构体的类型名*/
{
    int num;
    char name[20];
    char sex;
    int age;
    float score;
}s1,s2;
```
说明：

（1）类型与变量是不同的概念，不要混同。对结构体变量来说，在定义时一般先定义一个结构体类型，然后定义变量为该类型。只能对变量赋值、存取或运算，而不能对一个类型赋值、存取或运算。在编译时，对类型是不分配存储空间的，只对变量分配存储空间。

（2）结构体中的成员可以单独使用，它的作用与地位相当于普通变量。

（3）成员也可以是一个结构体变量。

例如：在表 9.1 所表示的学生信息里再加上出生年月日的信息，即结构体 student 嵌套结构体 date 成员：
```
struct  date
{
    int year;           /*年*/
    int month;          /*月*/
```

```
        int day;              /*日*/
    };
    struct student2
    {
        int num;              /*学号*/
        char name[20];        /*姓名*/
        char sex;             /*性别*/
        int age;              /*年龄*/
        float score;          /*成绩*/
        struct date birthday; /*出生日期*/
    };
```

（4）成员名可与程序中的变量同名，两者不代表同一对象。例如，程序中可以另定义变量 num，它与 struct student 中的 num 是两回事，互不干扰。

（5）使用 typedef 说明结构体类型。例如：

```
    typedef struct stu
    {
        char name[20];
        int age;
        char sex;
    } STU;
```

定义新的类型符号 STU 来代替 struct stu 的结构体类型，然后可用 STU 来说明结构体变量：

```
    STU body1,body2; /*等效于 struct stu body1,body2;*/
```

例 9.2 以下结构体类型说明和变量定义中，正确的是（   ）。

A. typedef struct
   {
       int n;
       char c;
   } REC;
   REC t1,t2;

B. struct REC;
   {
       int n;
       char c;
   };
   REC t1,t2;

C. typedef struct REC；
   {
       int n=0;
       char c='A';
   } t1, t2;

D. struct
   {
       int n;
       char c;
   } REC;
   REC t1, t2;

【解析】选项 A 用 typedef 来说明新的类型名 REC 代替 struct{int n;char c;}，再用 REC 定义变量 t1、t2，语法正确；选项 B 中，REC 为结构体类型名，定义变量时应改为 struct REC t1,t2；选项 C 与选项 D 皆有明显语法错误。所以，本题的正确答案为 A。

2. 结构体变量成员的引用

在程序中使用结构体变量时，往往不把它作为一个整体来使用。在 ANSI C 中除了允许具有相同类型的结构体变量相互赋值以外，一般对结构体变量的使用，包括赋值、输入、输出、运算等都是通过结构体变量的成员来实现的。

表示结构体变量成员的一般形式是：

结构体变量名.成员名

例如：

s1.num   即第一个人的学号

s2.sex   即第二个人的性别

如果成员本身又是一个结构体，则必须逐级找到最低级的成员才能使用。

例如：

s1.birthday.month   即第一个人出生的月份

成员可以在程序中单独使用，与普通变量完全相同。

例 9.3 设有定义：

```
struct person
{
    int ID;
    char name[12];
}p;
```

请将 scanf("%d",_____);语句补充完整，使其能够为结构体变量 p 的成员 ID 正确读入数据。

【解析】引用结构体变量 p 的成员 ID 表示为 p.ID，又因为是输入，所以应有取地址符号&。所以，本题的正确答案为&p.ID。

说明：

（1）两个相同结构体的变量可以相互赋值，如 s1、s2 都为 student 类型，s2 已有值，则语句：

s1=s2；可以将 s2 所有的成员信息值赋值给 s1。

（2）输入、输出时不能整体进行赋值，如 printf("%d,%s,%c,%d,%.2f\n",s1);是错误的。应将其成员逐项输出：

printf("%d,%s,%c,%d,%.2f\n",s1.num,s1.name,s1.sex,s1.age,s1.score);

（3）结构体成员可以像普通变量一样进行运算，如：

s1.num=1001;   将 s1 的学号赋值为 1001

strcpy(s1.name, "Tom");   将 s1 的姓名赋值为 Tom

s1.sex='M';   将 s2 的性别赋值为 M

s1.age++;   s1 的年龄自加 1

（4）如果结构体成员本身又是结构体类型，则可继续使用成员运算符取结构体成员的结构体成员，逐级向下，引用最低一级的成员。程序只能对最低一级的成员进行运算。例如，对 s3 某些成员的访问：

s3.birthday.month=8;

```
s3.birthday.year=2003;
```

3. 结构体变量的初始化

和其他类型变量一样，对结构体变量可以在定义时进行初始化赋值。

例 9.4 对结构体变量初始化。

```
#include<stdio.h>
void main()
{
  struct student      /*定义结构*/
  {
     int num;
     char *name;     /*姓名可以定义为指针指向字符数组类型*/
     char sex;
     int age;
     float score;
  }s2, s1={1002,"Jack",'M',20,85.5};
  s2=s1;
  printf("%-12s%-12s%-12s%-12s%-12s \n","学号","姓名","性别","年龄","成绩");
  printf("%-12d%-12s%-12c%-12d%-12.2f \n",s1.num,s1.name,s1.sex,s1.age,
s1.score);
  printf("%-12d%-12s%-12c%-12d%-12.2f \n",s2.num,s2.name,s2.sex,s2.age,
s2.score);
}
```

在本例中，s1、s2 均被定义局部结构体变量，并对 s1 作了初始化赋值，把 s1 的值整体赋予 s2，然后用两个 printf 语句输出 s1 和 s2 各成员的值。输出结果为：

学号	姓名	性别	年龄	成绩
1002	Jack	M	20	85.5
1002	Jack	M	20	85.5

9.2.3 结构体数组的定义、初始化和引用举例

若有 5 个学生，每个学生的信息如表 9.1 所列，那么可以用一个一维数组来表示这 5 个学生的信息，数组的每个元素是一个结构体变量（即一个学生的信息），这种一维数组称为结构体数组。

1. 结构体数组的定义

```
struct student
{
   int num;           /*学号*/
   char name[20];     /*姓名*/
```

```
    char sex;           /*性别*/
    int age;            /*年龄*/
    float score;        /*成绩*/
}s[5];
```

以上定义了一个结构体数组 s，共有 5 个元素，s[0]~s[4]，每个数组元素都具有 struct student 的结构形式，结构体数组的定义如结构体变量定义一样，可以有 9.1.1 节中介绍的 3 种定义方式。

2. 结构体数组的初始化

```
struct student
{
    int num;            /*学号*/
    char name[20];      /*姓名*/
    char sex;           /*性别*/
    int age;            /*年龄*/
    float score;        /*成绩*/
}s[5]={{1001,"Tom",'M',19,90},{1002,"Jack",'M',20,85.5},{1003,"Lucy",'F',18,95.5},{1004,"Lily",'F',18,52},{1005,"Join",'M',19,75.5}};
```

当对全部元素作初始化赋值时，也可不给出数组长度。

3. 引用和举例

结构体数组的成员引用与结构体变量相同，如，s[0].num 代表第 0 号学生的学号，s[1].name 代表第 1 号学生的姓名。

例 9.5 已定义且初始化好结构体数组如上，计算平均成绩，并输出不及格学生的姓名。

```
#include <stdio.h>
void main()
{
    int i;
    float ave,sum=0;
    printf("不及格学生有：\n");
    for(i=0;i<5;i++)
    {
        sum+=s[i].score;
        if(s[i].score<60)
            printf("%s,",s[i].name);
    }
    ave=sum/5;
    printf("\n平均值为%f\n",ave);
}
```

9.2.4 结构体指针变量

1. 指向结构体变量的指针

一个指针变量当用来指向一个结构体变量时,称之为结构体指针变量。结构体指针变量中的值是所指向的结构体变量的首地址。通过结构体指针即可访问该结构体变量。结构体指针变量说明的一般形式为:

struct 结构名 *结构体指针变量名;

例如,在前面的例题中定义了 student 这个结构,如要说明一个指向 student 的指针变量 p,可写为:

struct student *p;

当然也可在定义 student 结构时同时说明 p。与前面讨论的各类指针变量相同,结构体指针变量也必须要先赋值后才能使用。

赋值是把结构体变量的首地址赋予该指针变量,不能把结构名赋予该指针变量。如果 s1 是被说明为 student 类型的结构体变量,则:

p=&s1;   /*正确*/
p=&student;   /*错误*/

结构名和结构体变量是两个不同的概念,不能混淆。结构名只能表示一个结构形式,编译系统并不对它分配内存空间。只有当某变量被说明为这种类型的结构时,才对该变量分配存储空间。因此,上面"&student"这种写法是错误的,不可能去取一个结构名的首地址。

如图 9.1 所示,p 指向了结构体变量 s1,有了结构体指针变量,就能更方便地访问结构体变量的各个成员。

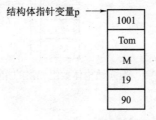

图 9.1 指向结构体变量的指针

其访问的一般形式为:

(*结构体指针变量).成员名

或为:

结构体指针变量->成员名

例如: (*p).num   或为 p->num

注意:(*p)两侧的括号不可少,因为成员符"."的优先级高于"*"。*p.num 等效于*(p.num)。

2. 指向结构体数组元素的指针

结构体指针变量可指向结构体数组的一个元素,这时结构体指针变量的值是该结构体数组元素的首地址。设指针变量 ps 为指向结构体数组的 0 号元素,ps+1 指向 1 号元素,ps+i 则指向 i 号元素。例如:

```
struct student
{
    int num;              /*学号*/
    char name[20];        /*姓名*/
    char sex;             /*性别*/
    int age;              /*年龄*/
    float score;          /*成绩*/
}s[5]={{1001,"Tom",'M',19,90},{1002,"Jack",'M',20,85.5}},*ps;
```

若想使指针 ps 指向结构体数组 s 的第一个元素,可以如下赋值:

ps=s;   /*s 为数组的首地址,ps 等于数组首地址*/

或者:ps=&s[0];

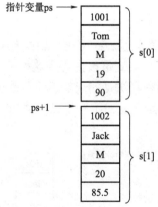

图 9.2　指向结构体数组元素的指针

注意以下几种表示的区别:

(1) (*ps).num 和 ps->num 表示 s[0]的成员 num。

(2) ++ps->num 表示先取 s[0]的成员 num 再自加,取成员符号"."和"->"优先级高于自加、自减运算。

(3) (++ps)->num 表示指针 ps 先自加,指向下一个元素,即指向了 s[1],再取其成员 num。

例 9.6 有以下程序,程序的运行结果是(　　)。

```
#include <stdio.h>
struct ord
{
    int x, y;
} dt[2]={1,2,3,4};
void main()
```

```
    {
        struct ord *p=dt;
        printf("%d,",++p->x);
        printf("%d\n",++p->y);
    }
```
    A. 1,2   B. 2,3   C. 3,4   D. 4,1

    【解析】本题中指针变量 p 指向结构体数组 dt 的第一个元素，第一个输出的数为++p->x，由于取成员符号"->"比自加符号的优先级别高，p->x 为 1，自加输出后为 2；p->y 为 2，自加后为 3。所以，本题的正确答案为 B。

    例 9.7   有以下程序：
```
#include <stdio.h>
struct st
{
    int x, y;
} data[2]={1,10,2,20};
void main()
{
    struct st *p=data;
    printf("%d,", p->y);
    printf("%d\n", (++p)->x);
}
```
    程序的运行结果是（   ）。

    A. 10,1   B. 20,1   C. 10,2   D. 20,2

    【解析】本题中指针变量 p 指向结构体数组 data 的第一个元素，初始情况下 p->x 为 1，p->y 为 10，所以第一个输出的值为 10，(++p)->x 表示 p 指向下一个元素，取其 x 成员为 2。所以，本题的正确答案为 C。

9.2.5 结构体在函数内的传递

    在调用函数时，结构体变量的数据可以作为函数参数在函数间传递，可以将结构体变量中的单个成员作为函数参数，也可以将结构体变量作为参数进行整体传递。

1. 结构体变量的单个成员作函数参数

    结构体的每个变量都可以是简单变量、数组、指针或构造类型等，它们可以作为函数参数进行传递。

    例 9.8   有下列程序：
```
#include <stdio.h>
struct S
{
    int n;
```

```
    int a[20];
};
void f(int *a, int n)
{
    int i;
    for(i=0;i<n-1;i++)
        a[i]+=i;
}
void main()
{
    int i;
    struct S s={10,{2,3,1,6,8,7,5,4,10,9}};
    f(s.a,s.n);
    for(i=0;i<s.n;i++)
        printf("%d,",s.a[i]);
}
```

程序运行后的输出结果是（　　）。

A. 2,4,3,9,12,12,11,11,18,9, B. 3,4,2,7,9,8,6,5,11,10,
C. 2,3,1,6,8,7,5,4,10,9, D. 1,2,3,6,8,7,5,4,10,9,

【解析】本题主函数中结构体变量 s 的单个成员 s.a 和 s.n 作为实参传递给被调函数 f。s 有两个成员：整型 n 和一维数组 a。实参 s.a 为一维数组 a 的首地址，传递给 f 中的指针变量 a（注意：指针变量 a 存储的是地址，所以形参 a 指向一维数组第一个元素）；实参 s.n 传递给 f 中的形参 n，即 n=10；经过 f(s.a,s.n) 调用后，形参 a 所指向一维数组的 0~8 号元素分别自加 0~8，相应的实参 s.a 最终修改为{2,4,3,9,12,12,11,11,18,9}。所以，本题的正确答案为 A。

2. 结构体变量作函数参数

主调函数中的结构体变量作为一个整体传送给相应的形参，系统将为结构体类型的形参开辟相应的存储单元，并将实参中各成员的值一一对应赋给形参中的结构体成员。根据参数的单向传递性，如果形参结构成员发生了变化，不会传递给相应的实参，所以实参的结构体成员不会变。

例 9.9 有以下程序：

```
#include<stdio.h>
typedef struct
{
    int num;
    double s;
}REC;
void fun1(REC x)
{
    x.num=23;
```

```
  x.s=88.5;
}
void main()
{
  REC a={16,90.0};
  fun1(a);
  printf("%d\n",a.num);
}
```

程序运行后的输出结果是（　　）。

【解析】本题中 REC 为结构体类型的别名，主函数中定义了实参 a 为 REC 类型的变量，其中 a.num=16，a.s=90.0；fun1(a)调用将结构体变量 a 整体传递给形参 x，并且对 x 的各成员重新赋值；但形参无法传递给实参，所以实参各成员的值并没有改变。本题的正确答案为 16。

3. 结构体变量的地址作函数参数

结构体变量的地址作为实参传递，传递给一个基类型相同的结构体类型的指针变量。系统只须为形参指针变量开辟一个存储单元存放实参结构体变量的地址，而无须建立一个新的结构体变量，既节省了存储空间，提高了程序效率，又通过函数调用，有效地修改实参结构体中成员的值。

例 9.10　下列程序的运行结果为（　　）。

```
#include<stdio.h>
#include<string.h>
struct A
{
  int a;
  char b[10];
  double c;
};
void f(struct A *t);
void main()
{
  struct A a={1001, "ZhangDa", 1098.0};
  f(&a);
  printf("%d,%s,%6.1f\n",a.a,a.b,a.c);
}
void f(struct A *t)
{
  strcpy(t->b,"ChangRong");
}
```

【解析】本题中 A 类型的结构体变量 a 的地址&a 作为实参，传递给 f 函数中的形参 t，t 是指向 A 类型结构体变量的指针，即 t=&a，那么 t 指向变量 a；strcpy(t->b,"ChangRong")语句将字符串"ChangRong"赋值给t所指向结构体变量的b成员,即a.b被修改为"ChangRong"。所以,本题的正确答案为1001,ChangRong,1098.0。

4. 结构体数组名作为函数参数

结构体数组名作为实参,即将结构体数组的首元素地址传递给形参,如果形参中结构体数组的元素值发生了改变,那么实参中相应元素值也发生了改变。例9.11将例9.10中的结构体变量a修改为了结构体数组。

例9.11 下列程序的运行结果为(   )。

```c
#include<stdio.h>
#include<string.h>
struct A
{
  int a;
  char b[10];
  double c;
};
void f(struct A t[]);
void main()
{
  struct A a[2]={1001, "ZhangDa", 1098.0};
  f(a);
  printf("%d,%s,%6.1f\n",a[0].a,a[0].b,a[0].c);
}
void f(struct A t[])
{
  strcpy(t[0].b,"ChangRong");
}
```

【解析】本题中a为实参结构体数组名,t为形参结构体数组名;a传递给t,即数组a的首地址传递给数组t的首地址,a和t共同占用同一内存单元;修改t的元素成员值,相当于修改a的元素成员值。所以,本题的正确答案为1001,ChangRong,1098.0。

5. 函数的返回值是结构体类型

例9.12 有以下程序:

```c
#include<stdio.h>
#include<string.h>
struct A
{
   int a;
   char b[10];
   double c;
```

```
};
struct A f(struct A t);
void main()
{
    struct A a={1001,"ZhangDa",1098.0};
    a=f(a);
    printf("%d,%s,%6.1f\n",a.a,a.b,a.c);
}
struct A f(struct A t)
{
    t.a=1002;
    strcpy(t.b,"ChangRong");
    t.c=1202.0;
    return t;
}
```

程序运行后的输出结果是（　　）。

A. 1001,ZhangDa,1098.0　　　　　　B. 1001,ZhangDa,1202.0
C. 1001,ChangRong,1098.0　　　　　D. 1002,ChangRong,1202.0

【解析】实参 a 传递给形参 t，变量 t 在 f 函数中发生了变化，返回值为变量 t；主调函数变量 a 接受了函数 f 的返回值，所以本题的正确答案为 D。

9.2.6　用结构体构成链表

1. 结构体成员为指向本结构体类型的指针

结构体的成员可以是指针类型，指针可以指向任何基类型，也可以指向本结构体类型。例如：

```
struct node
{
    int data;              /*数据域*/
    struct node *next;     /*指针域*/
}a, b;
```

这里，成员 data 存储着结构体的信息，称为数据域；成员 next 是指向 struct node 类型变量的指针，称为指针域。a、b 皆为该种类型的变量，那么，a.next=&b 表示 a 的 next 指针变量存储了 b 的地址，则 next 指向了变量 b，如图 9.3 所示。

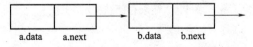

图 9.3　结构体成员为指向本身类型的指针变量

2. 静态单链表

静态单链表的建立与输出代码如下。

```c
#include <stdio.h>
struct node
{
  int data;
  struct node *next;
};
typedef struct node NODETYPE;
void main()
{
    NODETYPE a,b,c,*h,*p;
    a.data=10; b.data=20; c.data=30; /*给 data 成员赋值*/
    h=&a;       /*指针变量 h 指向 a 结点*/
    a.next=&b;
    b.next=&c; c.next='\0';   /*a、b、c 结点相连*/
    p=h;        /*指针变量 p 也指向 a 结点*/
    while(p)    /*当 p 不为空的时候*/
    {
        printf("%d,",p->data); p=p->next;} /*输出 p 所指向的 data 域值，*/
        printf("\n");
    }
}
```

上例程序中所定义的结构体类型 NODETYPE 共有两个成员：成员 data 是整型；成员 next 是指针类型，其基类型为 NODETYPE 结构体类型。

main 函数中定义的变量 a、b、c 都是 NODETYPE 结构体类型的变量，其 data 域分别被赋值为 10、20、30；h 为指向 a 的指针，a 的 next 域存储了 b 的地址，即 a 的 next 域指向 b；相应的，b 的 next 域指向 c，c 的 next 域为空('\0'或 NULL)。这样，就相当于把变量 a、b、c "链接"到了一起，形成了"链表"。由于链表的方向是单向的，通常称为"单链表"；变量 a、b、c 称为链表的结点；指针 h 指向第一个结点，称为头指针；变量 a、b、c 是通过定义在系统内存中开辟的固定的不一定连续的存储单元，程序执行时不可能再产生新的存储单元，这种链表称为"静态链表"。图 9.4 表示了该链表的存储结构。

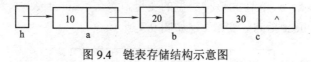

图 9.4 链表存储结构示意图

3. 动态存储分配

下面介绍两种常用的内存管理函数。

1)分配内存空间函数 malloc( )

调用形式：

(类型说明符 *) malloc (size)

功能：在内存的动态存储区中分配一块长度为 size 字节的连续区域。函数的返回值为该区域的首地址。

例如：

pc=(char *) malloc (100);

表示分配 100 个字节的内存空间，并强制转换为字符数组类型，函数的返回值为指向该字符数组的指针，把该指针赋予指针变量 pc。

例 9.13 有以下程序：

```
#include <stdio.h>
#include <stdlib.h>
int fun(int n)
{
    int *p;
    p=(int*)malloc(sizeof(int));
    *p=n; return *p;
}
void main( )
{
    int a;
    a = fun(10);
    printf("%d\n", a+fun(10));
}
```

程序的运行结果是（　　）。

A. 0　　　　　　B. 10　　　　　　C. 20　　　　　　D. 出错

【解析】本题 fun 函数中的 p=(int*)malloc(sizeof(int))语句开辟了一块 int 类型数据所在字节大小的存储空间，并使指针变量 p 指向它；*p=n 语句是将 p 所指向的存储单元赋值为 n（即 10），并返回*p，也就是返回值为 10。主函数中 a=10，输出值为 20。所以，本题的正确答案为 C。

2）释放内存空间函数 free( )

调用形式：

free(void *ptr);

功能：释放指针变量 ptr 所指向的一块内存空间，ptr 是一个任意类型的指针变量，它指向被释放区域的首地址。

4．动态单链表

动态链表是在程序执行过程中动态生成链表的结点，而不是在定义时生成结点。动态生成一个结点，并使指针变量 p1 指向它的程序段如下：

struct student *p1;

p1=(struct student*) malloc (sizeof(struct student)); /*申请结点所需大小的存储单元，使p1指向该单元*/

scanf("%d",&p1->data); /*为该单元的数据域输入值*/

注意：由于指针变量p1指向该结点结构体，所以其成员应用p1->data或p1->next来表示。具体动态建立单链表的程序这里不再详述。

单链表的两个重要运算是插入运算和删除运算。插入是指在单链表的某个位置插入一个新的结点，如图9.5所示，已有头指针为h的单链表，要求在指针p指向结点后插入一个新结点s。其步骤应为：s指向生成新结点并为其赋值→将s所指结点的指针域链接到p所指结点的后面结点→将p的指针域链接到s所指结点上。

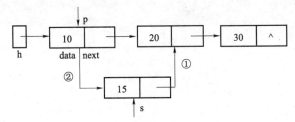

图9.5 单链表插入运算示意图

关键步骤语句为：

① s->next=p->next;   /*将s所指结点的指针域链接到p所指结点的后面结点*/
② p->next=s;   /*将p的指针域链接到s所指结点上*/

删除运算即释放掉链表中的指定结点。

例9.14 假定已建立以下链表结构，且指针p和q已指向如图9.6所示的结点。

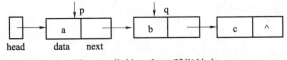

图9.6 指针p和q所指结点

则以下选项中可将q所指结点从链表中删除并释放该结点的语句组是（　　）。

A. (*p).next=(*q).next; free(p);   B. p=q->next; free(q);
C. p=q; free(q);   D. p->next=q->next; free(q);

【解析】 本题应使p所指结点的指针域指向q所指结点后面的结点，因此语句(*p).next=(*q).next和语句p->next=q->next都是正确表示，释放的结点为q，所以本题的正确答案为D。

9.3 共用体类型

9.3.1 共用体变量的定义

使几个不同的变量共占同一段内存的结构称为"共用体"类型的结构。定义共用体类型的一般形式为：

union 共用体名

```
    {  成员表列  };
```
定义共用体变量与结构体变量的形式相似,一般有3种方式。例如:

```
union data              union data                  union
{                       {                           {
    int i;                  int i;                      int i;
    char ch;       或       char ch;       或           char ch;
    float f;                float f;                    float f;
};                      } a,b,c;                    } a,b,c;
union data a,b,c;
```

共用体和结构体的比较:

(1) 结构体变量所占内存长度是各成员占的内存长度之和。每个成员分别占有其自己的内存单元。

(2) 共用体变量所占的内存长度等于最长的成员的长度。

例如:上面定义的"共用体"变量a、b、c各占4个字节(因为一个实型变量占4个字节),而不是各占2+1+4=7个字节。

9.3.2 共用体变量的成员引用

只有先定义了共用体变量才能引用它,而且不能引用共用体变量,只能引用共用体变量中的成员。例如:前面定义了a、b、c为共用体变量,则

(1) a.i (引用共用体变量中的整型变量i)。

(2) a.ch (引用共用体变量中的字符变量ch)。

(3) a.f (引用共用体变量中的实型变量f)。

9.3.3 共用体类型数据的特点

(1) 同一个内存段可以用来存放几种不同类型的成员,但在每一时刻只能存放其中一种,而不是同时存放几种。即上例中a.i、a.ch、a.f是不能同时存在的。

(2) 共用体变量中起作用的成员是最后一次存放的成员,在存入一个新的成员后,原有的成员就失去作用。例如:在程序中先执行了语句a.i=10,又执行了语句a.f=12.5,那么,最后共用体的值只存在12.5,a.i的值被a.f所覆盖。

(3) 共用体变量的地址和它的各成员的地址都是同一地址。

(4) 不能对共用体变量名赋值,不能在定义共用体变量时对它初始化。

(5) 不能把共用体变量作为函数参数,也不能使函数带回共用体变量,但可以使用指向共用体变量的指针。

(6) 共用体类型可以出现在结构体类型定义中,也可以定义共用体数组。反之,结构体也可以出现在共用体类型定义中,数组也可以作为共用体的成员。

例 9.15 设有下列定义:

```
union data
{
```

```
    int d1;
    float d2;
} demo;
```

则下列叙述中错误的是（　　）。

A. 变量 demo 与成员 d2 所占的内存字节数相同

B. 变量 demo 中各成员的地址相同

C. 变量 demo 和各成员的地址相同

D. 若给 demo.d1 赋值 99 后，demo.d2 中的值是 99.0

【解析】共用体变量 demo 所占的内存长度等于最长的成员的长度，即成员 d2 的长度，且共用体变量与其各成员占用地址是相同的。demo.d1 被赋值后，只有 demo.d1 有值，demo.d2 无确切值。所以，本题的正确答案为 D。

练　习　题

1. 选择题

（1）下面结构体的定义语句中，错误的是（　　）。

A. struct ord {int x;int y;int z;}; struct ord a;

B. struct ord {int x;int y;int z;} struct ord a;

C. struct ord {int x;int y;int z;} a;

D. struct {int x;int y;int z;} a;

（2）有以下程序：

```
#include <stdio.h>
void main( )
{
    struct STU
    {
        char name[9];
        char sex;
        double score[2];
    };
    struct STU a={"Zhao",'m',85.0,90.0},b={"Qian",'f',95.0,92.0};
    b=a;
    printf("%s,%c,%2.0f,%2.0f\n",b.name,b.sex,b.score[0],b.score[1]);
}
```

程序的运行结果是（　　）。

A. Qian,f,95,92　　　B. Qian,m,85,90　　　C. Zhao,f,95,92　　　D. Zhao,m,85,90

（3）有以下程序：

```
#include <stdio.h>
#include "string.h"
```

```
typedef struct
{
    char name[9];
    char sex;
    float score[2];
}STU;
void f(STU a)
{
    STU b={"Zhao",'m',85.0,90.0};
    int i;
    strcpy(a.name,b.name);
    a.sex=b.sex;
    for(i=0;i<2;i++)
        a.score[i]=b.score[i];
}
void main()
{
    STU c={"Qian",'f',95.0,92.0};
    f(c);
    printf("%s,%c,%2.0f,%2.0f\n",c.name,c.sex,c.score[0],c.score[1]);
}
```

程序的运行结果是（   ）。
A. Qian,f,95,92   B. Qian,m,85,90   C. Zhao,f,95,92   D. Zhao,m,85,90

（4）有以下程序：
```
#include <stdio.h>
struct tt
{
    int x;
    struct tt *y;
}*p;
struct tt a[4]={20,a+1,15,a+2,30,a+3,17,a};
void main()
{
    int i;
    p=a;
    for(i=1;i<=2;i++)
    {
        printf("%d,",p->x);
        p=p->y;
    }
```

}

程序的运行结果是（　　）。

A. 20,30　　　　B. 30,17　　　　C. 15,30　　　　D. 20,15

(5) 有以下程序：

```
#include <stdio.h>
#include <string.h>
typedef struct
{
    char name[9];
    char sex;
    float score[2];
}STU;
STU f(STU a)
{
    STU b={"Zhao",'m',85.0,90.0};int i;
    strcpy(a.name,b.name);
    a.sex=b.sex;
    for(i=0;i<2;i++) a.score[i]=b.score[i];
    return a;
}
void main()
{
    STU c={"Qian",'f',95.0,92.0},d;
    d=f(c);
    printf("%s,%c,%2.0f,%2.0f\n",d.neme,d.sex,d.score[0],d.score[1]);
}
```

程序的运行结果是（　　）。

A. Qian,f,95,92　　B. Qian,m,85,90　　C. Zhao,m,85,90　　D. Zhao,f,95,92

(6) 有以下程序：

```
#include <stdio.h>
typedef struct
{
    int b,p;
}A;
void f(A c)            /* c 是结构体变量名 */
{   int j;
    c.b+=1;
    c.p+=2;
}
void main()
```

```
{
  int i;
  A a={1,2};
  f(a);
  printf("%d,%d\n",a.b,a.p);
}
```
程序的运行结果是（　　）。
A. 2,3　　　　　　B. 2,4　　　　　　C. 1,4　　　　　　D. 1,2

（7）有以下程序：
```
#include <stdio.h>
struct S
{
  int n;
  int a[20];
};
void f (struct S *p)
{
  int i,j,t;
  for(i=0; i<p->n-1;i++)
    for(j=i+1;j<p->n;j++)
      if(p->a[i]>p->a[j])
        {
          t=p->a[i];
          p->a[i]=p->a[j];
          p->a[j]=t;
        }
}
void main()
{ int i;
  struct S s={10,{2,3,1,6,8,7,5,4,10,9}};
  f(&s);
  for(i=0;i<s.n;i++)
    printf("%d,",s.a[i]);
}
```
程序的运行结果是（　　）。
A. 1,2,3,4,5,6,7,8,9,10,　　　　　　B. 10,9,8,7,6,5,4,3,2,1,
C. 2,3,1,6,8,7,5,4,10,9,　　　　　　D. 10,9,8,7,6,1,2,3,4,5,

（8）有以下程序：
```
typedef struct node
{
```

```
    int data;
    struct node *next;
 }*NODE;
NODE p;
```

下列叙述中正确的是（　　）。

A. p 是指向 struct node 结构体变量的指针的指针

B. NODE p;语句出错

C. p 是指向 struct node 结构体变量的指针

D. p 是 struct node 结构体变量

2. 判断题（对的在题后的括号里打"√"，错的打"×"）

（1）当说明一个结构体变量时，系统分配给它的内存是各成员所需内存量的总和。（　　）

（2）当说明一个共用体变量时，系统分配给它的内存是最长的成员的长度。（　　）

（3）在 C 语言程序中，可以用关键字 union 定义结构体变量。（　　）

（4）typedef 可以创造 C 语言程序中没有的新的数据类型。（　　）

（5）用 typedef 为类型说明一个新名，通常可以增加程序的可读性。（　　）

（6）typedef 定义的新类型可以是 C 语言程序中不存在的类型。（　　）

第10章 文 件

学习目标

应用 C 语言程序实现文件的打开、关闭、读/写、定位。

学习要求

- 掌握文件的打开、关闭和读/写。
- 理解文件的定位和检测。

10.1 C 语言文件的概念

"文件"是指一组相关数据的有序集合。这个数据集有一个名称,叫做文件名。如计算机 C 盘下名为 "a1.txt" 的文件为文本文件,名为 "w1.doc" 的文件为 word 文档。

从文件编码的方式来看,文件可分为 ASCII 码文件和二进制码文件。C 语言在打开这两种文件时书写有区别,但在处理这些文件时,并不区分类型,都看成是字符流,按字节进行处理。关于这两种文件的区别可以参考其他文献,这里不再详述。

本章主要讨论如何利用 C 语言程序打开和关闭外部介质(如硬盘)的文件,如何从文件中读取内容,向文件中写入数据等各种操作。

10.2 文件类型指针

在 C 语言程序中用一个指针变量指向一个文件,这个指针称为文件类型指针。通过文件指针就可对它所指的文件进行各种操作。

定义说明文件指针的一般形式为:

FILE *指针变量标识符;

其中 FILE 应为大写,它实际上是由系统定义的一个结构,该结构中含有文件名、文件状态和文件当前位置等信息。在编写源程序时不必关心 FILE 结构的细节。

例如：

FILE *fp;

表示 fp 是指向 FILE 结构的指针变量，为了便于理解，可以认为 fp 指针指向某个文件，可以通过 fp 指针对该文件进行操作。

10.3 文件的打开和关闭

10.3.1 文件的打开（fopen 函数）

fopen 函数用来打开一个文件，其一般的调用形式为：

文件指针名=fopen(文件名，使用文件方式);

例如：C 程序源文件 file1.c，与该文件同文件夹下有一文本文件 a1.txt，则在 C 源文件中书写以下语句：

FILE *fp;

fp=fopen("a1.txt","r");

表示以只读的方式打开名为 a1.txt 的文件，并使 fp 指针指向 a1.txt 文件的开始位置。其中"r"表示以只读的方式打开文件。

又如：

FILE *fp1;

fp1=("c:\\a2","rb");

其意义是打开 C 驱动器磁盘的根目录下的文件 a2，这是一个二进制文件，只允许按二进制方式进行读操作。两个反斜线 "\\" 中的第一个表示转义字符，第二个表示根目录。

使用文件的方式共有 12 种，表 10.1 给出了它们的符号和意义。

表 10.1 文件的打开的方式

文件使用方式	意义
"r"	只读打开一个文本文件，只允许读数据
"w"	只写打开或建立一个文本文件，只允许写数据
"a"	追加打开一个文本文件，并在文件末尾写数据
"rb"	只读打开一个二进制文件，只允许读数据
"wb"	只写打开或建立一个二进制文件，只允许写数据
"ab"	追加打开一个二进制文件，并在文件末尾写数据
"r+"	读写打开一个文本文件，允许读和写
"w+"	读写打开或建立一个文本文件，允许读和写
"a+"	读写打开一个文本文件，允许读，或在文件末追加数据
"rb+"	读写打开一个二进制文件，允许读和写
"wb+"	读写打开或建立一个二进制文件，允许读和写
"ab+"	读写打开一个二进制文件，允许读，或在文件末追加数据

对于文件使用方式有以下几点说明。

（1）文件使用方式由"r"、"w"、"a"、"b"、"+" 5个字符拼成，各字符的含义是：

r(read)：　　　　读
w(write)：　　　 写
a(append)：　　 追加
b(binary)：　　 二进制文件
+：　　　　　　 读和写

（2）凡用"r"打开一个文件时，该文件必须已经存在，且只能从该文件读出。

（3）用"w"打开的文件只能向该文件写入。若打开的文件不存在，则以指定的文件名建立该文件，若打开的文件已经存在，则将该文件删去，重建一个新文件。

（4）若要向一个已存在的文件追加新的信息，只能用"a"方式打开文件。但此时该文件必须是存在的，否则将会出错。

（5）在打开一个文件时，如果出错，fopen将返回一个空指针值NULL。在程序中可以用这一信息来判别是否完成打开文件的工作，并作相应的处理。因此常用以下程序段打开文件：

```
if((fp=fopen("a1.txt","r")==NULL)
{
    printf("\n 打开错误！");
    getch();
    exit(1);
}
```

这段程序的意义是，如果返回的指针为空，表示不能打开与源文件同名的文件，则给出提示信息"打开错误！"，下一行 getch()的功能是从键盘输入一个字符，但不在屏幕上显示。在这里，该行的作用是等待，只有当用户从键盘按任一键时，程序才继续执行，因此用户可利用这个等待时间阅读出错提示。按键后执行 exit(1)退出程序。

（6）把一个文本文件读入内存时，要将 ASCII 码转换成二进制码，而把文件以文本方式写入磁盘时，也要把二进制码转换成 ASCII 码，因此文本文件的读/写要花费较多的转换时间。对二进制文件的读/写则不存在这种转换。

（7）标准输入文件（从键盘）、标准输出文件（从显示器）、标准出错输出（出错信息）是由系统打开的，可直接使用。

10.3.2　文件的关闭（fclose 函数）

文件使用完毕后，应用关闭文件函数——fclose 把文件关闭，以避免文件的数据丢失等错误。
fclose 函数调用的一般形式是：

```
fclose(文件指针);
```

例如：

```
fclose(fp);
```

正常完成关闭文件操作时，fclose 函数返回值为 0。如返回非零值则表示有错误发生。

10.4 文件的读/写

对文件的读和写是最常用的文件操作。在 C 语言中提供了多种文件读/写的函数。
（1）字符读/写函数：fgetc 和 fputc。
（2）字符串读/写函数：fgets 和 fputs。
（3）数据块读/写函数：freed 和 fwrite。
（4）格式化读/写函数：fscanf 和 fprinf。
下面分别予以介绍。使用以上函数都要求包含头文件"stdio.h"。

10.4.1 fgetc 函数和 fputc 函数

fputc 函数和 fgetc 函数为字符读/写函数，是以字符（字节）为单位的读/写函数，每次可从文件读出或向文件写入一个字符。

1. 从文件读字符函数 fgetc

fgetc 函数的功能是从指定的文件中读一个字符，函数调用的形式为：
字符变量=fgetc(文件指针);
例如：
char ch;
ch=fgetc(fp);
其含义是从打开的文件 fp 中读取一个字符并送入字符变量 ch 中。
例 10.1 假设文件 a1.txt 中有数据 abc123，用 C 语言程序读出数据，并显示在屏幕上。
```
#include<stdio.h>
void main()
{
 FILE *fp;
 char ch;
 if((fp=fopen("a1.txt","r"))==NULL)   /*以只读的方式打开 a1.txt*/
 {
     printf("\n 打开失败，按任意键退出!");
     getch();
     exit(1);
 }
 ch=fgetc(fp);       /*从文件中读出一个字符赋值给变量 ch*/
 while(ch!=EOF)      /*如果读文件没有结束*/
 {
   putchar(ch);      /*输出该字符*/
    ch=fgetc(fp);    /*接收下一个字符*/
 }
```

```
    fclose(fp);          /*关闭文件*/
}
```
对于 fgetc 函数的使用有几点说明：

（1）在 fgetc 函数调用中，读取的文件必须是以只读或读/写方式打开的。

（2）读取字符的结果也可以不向字符变量赋值，例如 fgetc(fp)。但此时读出的字符不能保存。

（3）在文件内部有一个位置指针，用来指向文件的当前读/写字节。在文件打开时，该指针总是指向文件的第一个字节，即字符'a'。使用第一个 ch=fgetc(fp)语句后，该位置指针将向后移动一个字节，即字符'b'。因此可用循环语句多执行几次 ch=fgetc(fp)语句，读取多个字符，再使用 putchar(ch)语句将该字符输出。

（4）文件的最后都有一个文件结束符，C 语言用 EOF 来表示，while(ch!=EOF)表示当 ch 不为最后一个结束符时，执行循环语句。

2. 向文件写字符函数 fputc

fputc 函数的功能是把一个字符写入指定的文件中，函数调用的形式为：

```
Fputc(字符量,文件指针);
```

其中，待写入的字符量可以是字符常量或变量，例如：

```
fputc('a',fp);
```

其含义是把字符'a'写入 fp 所指向的文件中。

再如：

```
char ch='b';
fputc(ch, fp);
```

其含义是把字符'b'写入 fp 所指向的文件中。

对于 fputc 函数使用的几点说明：

（1）若被写入的文件不存在，则创建该文件。若被写入的文件已存在，文件打开方式为只写（"w"或"wb"）、读/写（"w+"或"wb+"），则原有的文件内容被清除，写入字符从文件首开始；如需保留原有文件内容，希望写入的字符从文件末开始存放，必须以追加方式（"a+"或"ab+"）打开文件。

（2）每写入一个字符，文件内部位置指针向后移动一个字节。

10.4.2　fgets 函数和 fputs 函数

1. 从文件读字符串函数 fgets

fgets 函数的功能是从指定的文件中读一个字符串到字符数组中，函数调用的形式为：

```
fgets(字符数组名,n,文件指针);
```

其中的 n 是一个正整数。表示从文件中读出的字符串不超过 n-1 个字符。在读入的最后一个字符后加上串结束标志'\0'。

例如：

```
char s[20];
```

```
int n=10;
fgets(s, n, fp);
```

其含义是从 fp 所指的文件中读出 n-1 个字符送入字符数组 s 中；在读出 n-1 个字符之前，如遇到了换行符或 EOF，则读出结束。

2. 向文件写字符串函数 fputs

fputs 函数的功能是向指定的文件写入一个字符串，其调用形式为：
```
fputs(字符串,文件指针);
```
其中字符串可以是字符串常量，也可以是字符数组名，或指针变量，例如：
```
fputs("abc123", fp);
```
其含义是把字符串"abc123"写入 fp 所指的文件之中。

10.4.3 fread 函数和 fwrite 函数

1. 从文件中读数据块函数 fread

fread 函数的功能是从指定的文件中读出一个数据块，该数据块可能包含若干个数据，函数调用的形式为：
```
fread(buffer, size, count, fp);
```
其中：

buffer　　表示存放输入数据的首地址，可以是一个指针或数组的名字。
size　　　表示数据块的字节数。
count　　表示要读/写的数据块块数。
fp　　　　表示文件指针。

例如：
```
int a[20];
fread(a, sizeof(int), 5, fp);
```
其含义是从 fp 所指的文件中，每次读 sizeof(int)个字节（一个整数）送入整数组 a 中，连续读 5 次，即读 5 个整数到数组 a 中。

2. 向文件写数据块函数 fwrite

fwrite 函数的功能是向指定的文件中写入一个数据块，函数调用的形式为：
```
fwrite(buffer, size, count, fp);
```
表示从 buffer 首地址开始的内存单元开始连续取 count 个 size 字节的数据，写入到 fp 所指文件中。

例如：
```
struct student
{
    char name[10];
    int num;
```

```
    int age;
    char addr[15];
}s[5]={…};
fwrite(s, sizeof(struct student), 5, fp);
```

表示从数组 s 中取出 5 组数据，写到 fp 所指文件中；每组数据包含了 name、num、age、addr 4 项信息。

例 10.2　有下列程序：

```
#include <stdio.h>
void main()
{
    FILE *fp; int a[10]={1,2,3,0,0},i;
    fp=fopen("d2.dat","wb");
    fwrite(a, sizeof(int), 5, fp);
    fwrite(a, sizeof(int), 5, fp);
    fclose(fp);
    fp=fopen("d2.dat","rb");
    fread(a, sizeof(int), 10, fp);
    fclose(fp);
    for(i=0;i<10;i++)
        printf("%d,",a[i]);
}
```

程序的运行结果是（　　）。

A. 1,2,3,0,0,0,0,0,0,0,　　　　　　B. 1,2,3,1,2,3,0,0,0,0,
C. 123,0,0,0,0,123,0,0,0,0,　　　　D. 1,2,3,0,0,1,2,3,0,0,

【解析】本题先以只写的方式打开文件 d2.dat，使用一个 fwrite(a,sizeof(int),5,fp)语句，文件中写入数组 a 中的 5 个整型数据，文件 d2.dat 中有数据 1、2、3、0、0，此时文件内部的位置指针移到了文件最后位置；再使用一个 fwrite (a,sizeof(int),5,fp)语句向文件中写数据，则最后 d2.dat 中的数据为 1、2、3、0、0、1、2、3、0、0，且整型数据之间用空格隔开。关闭文件后，又以只读的方式打开文件，此时文件内部的位置指针又移到了文件开头，使用 fread(a, sizeof(int),10,fp)语句从文件中读出 10 个整数赋值给数组 a；最后使用循环语句将数组 a 中数据输出。本题的正确答案为 D。

10.4.4　fscanf 和 fprintf 函数

1. 从文件中格式化读函数 fscanf

fscanf 函数的功能是从指定的文件中按某种格式读一个或多个数据存放到变量中，函数调用的形式为：

fscanf(文件指针,格式字符串,输入表列);

例如：

```
int i;
char s[20];
fscanf(fp, "%d%s", &i, s);
```
该程序段的功能是从 fp 所指的文件中连续读出一个整型数据和一个字符串,分别存在整型变量 i 和字符数组 s 中。如果文件的内容为"4 abc5e";那么执行完上述程序后,i=4,s 中存字符串"abc5e"。

2. 格式化写入文件函数 fprintf

fprintf 函数的功能是向指定的文件按某种格式写入一个或多个数据,函数调用的形式为:
fprintf(文件指针,格式字符串,输出表列);
例如:
```
int j=3;
char t[20]="ABC";
fprintf(fp, "%d%s", j, t);
```
该程序段的功能是将整型 j 和字符串 t 中的内容写入到 fp 所指的文件中,则执行完程序后文件内容为"3ABC"。

例 10.3 有以下程序:
```
#include <stdio.h>
void main()
{
    FILE *fp;   int a[10]={1,2,3},i,n;
    fp=fopen("d1.dat","w");
    for(i=0;i<3;i++)
        fprintf(fp,"%d",a[i]);
    fprintf(fp,"\n");
    fclose(fp);
    fp=open("d1.dat","r");
    fscanf(fp,"%d",&n);
    fclose(fp);
    printf("%d\n",n);
}
```
程序的运行结果是(   )。
A. 12300   B. 123   C. 1   D. 321

【解析】本题先用 fprintf 函数向 d1.dat 文件写入了数组 a 中的 3 个整数,写入后文件中的内容为"123";注意向文件写入的数据之间是没有分隔符号的。再用 fscanf 函数从 d1.dat 中读出一个整数赋值给变量 n,这时 123 就被看成一个整数,所以 n=123。本题正确答案为 B。

10.5 文件的定位与检测

10.5.1 文件的定位

移动文件内部位置指针的函数主要有两个，即 rewind 函数和 fseek 函数。

1. rewind 函数

rewind 函数的功能是把文件内部的位置指针移到文件首，其调用形式为：
```
rewind(文件指针);
```
例 10.4 有以下程序：
```
#include<stdio.h>
void main()
{
    FILE *pf;
    char *s1="China", *s2="Beijing";
    pf=fopen("abc.dat","wb+");
    fwrite(s2, 7, 1, pf);
    rewind(pf);     /*文件位置指针回到文件开头*/
    fwrite(s1, 5, 1, pf);
    fclose(pf);
}
```
以上程序执行后 abc.dat 文件的内容是（　　）。
B. China　　　　B. Chinang　　　　C. ChinaBeijing　　　　D. BeijingChina

【解析】本题先用一个 fwrite(s2, 7, 1, pf)语句向 abc.dat 文件中写入了数组 s2 中的 7 个字节，即 "Beijing"。再使用 rewind 函数将位置指针移到文件首部。最后用一个 fwrite(s1, 5, 1, pf)语句向文件中写入数组 s1 的 5 个字符，则这 5 个字符应该从头写入将原字符覆盖。本题的正确答案为 B。

2. fseek 函数

fseek 函数的功能是将文件内部位置指针移动到所需要的位置，其调用形式为：
```
fseek(文件指针,位移量,起始点);
```
其中：

"文件指针"指向被移动的文件。

"位移量"表示移动的字节数，要求位移量是 long 型数据，当用常量表示位移量时，要求加后缀 L。

"起始点"表示从何处开始计算位移量，规定的起始点有 3 种：文件首、当前位置和文件尾。其表示方法见表 10.2。

表 10.2 起始点表示法

起始点	表示符号	数字表示
文件首	SEEK_SET	0
当前位置	SEEK_CUR	1
文件末尾	SEEK_END	2

例如：

```
fseek(fp,10L,0);        /*把文件指针从文件开头移到第 10 个字节处*/
fseek(fp,-5L,1);        /*把文件指针从当前位置往回移动 5 个字节*/
fseek(fp,-20L,2);       /*把文件指针从文件尾向前移动 20 个字节*/
```

例 10.5 有下列程序：

```
#include<stdio.h>
void main()
{
    FILE *fp;
    int i,a[6]={1,2,3,4,5,6};
    fp=fopen("d3.dat","wb+");
    fwrite(a, sizeof(int), 6, fp);
    fseek(fp, sizeof(int)*3, SEEK_SET);
    fread(a, sizeof(int), 3, fp);
    fclose(fp);
    for(i=0;i<6;i++)
        printf("%d,",a[i]);
}
```

程序运行后的输出结果是（　　）。

A. 4,5,6,4,5,6,　　　B. 1,2,3,4,5,6,　　　C. 4,5,6,1,2,3,　　　D. 6,5,4,3,2,1,

【解析】本题中先使用一个 fwrite(a, sizeof(int), 6, fp)语句将数组 a 中的 6 个整数写入到文件 d3.dat 中，即文件的内容为"1 2 3 4 5 6"；再使用 fseek(fp, sizeof(int)*3, SEEK_SET)语句将文件的位置指针从文件头向后移动 3 个 int 型数据，使文件指针指向数字 4；最后使用 fread 函数将 fp 中数字 4 以后的 3 个整数读出来存在数组 a 中，然后输出 a 中元素值。本题的正确答案为 A。

10.5.2　文件的检测函数

1. 文件结束检测函数 feof

调用格式如下：

feof(文件指针);

功能：判断文件是否处于文件结束位置，如文件结束，则返回值为 1，否则为 0。

2. 读/写文件出错检测函数 ferror

调用格式如下：

`ferror(文件指针);`

功能：检查文件在用各种输入/输出函数进行读/写时是否出错。如 ferror 返回值为 0 表示未出错，否则表示有错。

3. 文件出错标志和文件结束标志置 0 函数 clearerr

调用格式如下：

`clearerr(文件指针);`

功能：用于清除出错标志和文件结束标志，使它们的值为 0。

练 习 题

1. 选择题

（1）下列关于 C 语言文件的叙述中正确的是（   ）。
A. 文件由一系列数据依次排列组成，只能构成二进制文件。
B. 文件由结构序列组成，可以构成二进制文件或文本文件。
C. 文件由数据序列组成，可以构成二进制文件或文本文件。
D. 文件由字符序列组成，其类型只能是文本文件。

（2）有以下程序：

```
#include<stdio.h>
void main()
{
   FILE *f;
   f=fopen("filea.txt","w");
   fprintf(f,"abc");
   fclose(f);
}
```

若文本文件 filea.txt 中原有内容为"hello"，则运行以上程序后，文件 filea.txt 中的内容为（   ）。
A. helloabc   B. abclo   C. abc   D. abchello

（3）读取二进制文件的函数调用形式为 fread(buffer,size,count,fp)，其中 buffer 代表的是（   ）。
A. 一个文件指针，指向待读取的文件
B. 一个整型变量，代表待读取的数据的字节数
C. 一个内存块的首地址，代表读入数据存放的地址
D. 一个内存块的字节数

（4）下列叙述中正确的是（   ）。

A. C 语言中的文件是流式文件，因此只能顺序存取数据。

B. 打开一个已存在的文件并进行了写操作后，原有文件中的全部数据必定被覆盖。

C. 在一个程序中当对文件进行了写操作后，必须先关闭该文件然后再打开，才能读到第1个数据。

D. 当对文件的读（写）操作完成之后，必须将它关闭，否则可能导致数据丢失。

(5) 有下列程序：

```c
#include<stdio.h>
void main()
{
    FILE *fp; int i;
    char ch[]="abcd",t;
    fp=fopen("abc.dat", "wb+");
    for(i=0;i<4;i++)
        fwrite(&ch[i],1,1,fp);
    fseek(fp,-2L,SEEK_END);
    fread(&t,1,1,fp);
    fclose(fp);
    printf("%c\n",t);
}
```

程序执行后的输出结果是（　　）。

A. d   B. c   C. b   D. a

(6) 设 fp 已定义，执行语句 fp=fopen("file","w")后，以下针对文本文件 file 操作叙述的选项中正确的是（　　）。

A. 写操作结束后可以从头开始读　　　B. 只能写不能读

C. 可以在原有内容后追加写　　　　　D. 可以随意读和写

第11章 C语言上机指导

11.1 实验1：熟悉C语言的运行环境

实验目的

（1）熟悉使用 Visual C++ 6.0 编辑、运行 C 语言程序的方法和步骤。
（2）运行调试简单的 C 语言程序。

实验内容

1. 熟悉利用 Visual C++ 6.0 编辑、运行 C 程序的方法和步骤

（1）打开 Visual C++ 6.0，如图 11.1 所示。

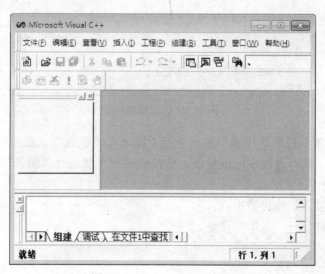

图 11.1　VC++ 6.0 打开界面

（2）单击"文件"→"新建"→"文件"→C++ Source File 命令，输入 C 程序文件名并选择存储位置，如图 11.2 所示。注意：如果文件名不写后缀，系统会默认指定为".cpp"，表示要建立的是 C++源程序，因此命名时要加上后缀".c"。

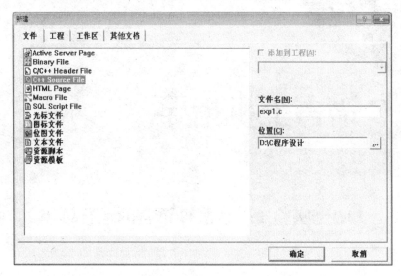

图 11.2　新建文件界面

（3）编写程序代码，如图 11.3 所示。

图 11.3　代码编写界面

（4）依次单击菜单栏中"组建"菜单下的"编译"、"组建"、"执行"命令，运行程序。如果在编译、组建、执行过程中出现错误，修改程序后重新运行"编译"、"组建"和"执行"过程。

（5）根据需要输入、输出数据。

（6）单击"文件"→"关闭"命令。

2. 程序改错题

（1）下面程序的功能是求半径为 5 的圆的面积。请改正程序中的错误，使其得出正确的结果。
```
/********found********/
#include stdio.h;
/********found********/
main();
{   float r,s;
    r=5.0;
    s=3.14159*r*r;
/********found********/
    printf("%f\n",s)
}
```
① 错误语句：_____；改正语句：_____。
② 错误语句：_____；改正语句：_____。
③ 错误语句：_____；改正语句：_____。

（2）下面程序的功能是求立方体的体积。请改正程序中的错误，使其得出正确的结果。
```
#include <stdio.h>
/********found********/
main
{   float a,b,c,v;    /*a,b,c are sides,v is volume of cube*/
/********found********/
    A=2.0;B=3.0;C=4.0;
    v=a*b*c;
    printf("%f\n",v);
}
```
① 错误语句：_____；改正语句：_____。
② 错误语句：_____；改正语句：_____。

3. 编程实现：假设银行一年定期的存款利率为 1.75%，王某在银行存了 5 000 元，定期一年，计算王某一年后存款的本金加利息为多少？请在下面的空白处写出程序和运行结果。

11.2 实验 2：数据类型和运算符的运用

实验目的

（1）掌握 C 语言程序的数据类型。
（2）学会使用 C 语言程序的运算符和表达式。

实验内容

1. 程序填空题

（1）请补充程序，求两个整数之和。
```
#include <stdio.h>
void main()
{  _____;         /*声明，定义变量为整型*/
   a=123; b=456;         /*给变量 a 和 b 赋值*/
   _____;         /*计算 a 与 b 的和，存放到变量 sum 中*/
   printf("sum is %d\n",sum);
}
```
程序的运行结果为：_____。

（2）下列程序的功能是：从键盘输入一个 3 位整数，求出该数的逆序数并输出。
```
#include <stdio.h>
void main()
{  int x,y,a,b,c;        /*声明，定义变量为整型*/
   scanf("%d",&x);       /*从键盘输入一个 3 位整数，如 295*/
   a=_____;       /*求出个位数*/
   b=_____;       /*求出十位数*/
   c=_____;       /*求出百位数*/
   y=100*a+10*b+c;       /*计算出逆序数*/
   printf("%d\n",y);     /*输出逆序数 592*/
}
```
程序的运行结果为：_____。

（3）分析程序。
```
#include <stdio.h>
main()
{  int i,j,m,n;
   i=8;j=10;  m=++i;  n=j++;
   printf("i=%d, j=%d, m=%d, n=%d\n",i,j,m,n);
```

```
    m=i--;   n=--j;
    printf("i=%d, j=%d, m=%d, n=%d\n",i,j,m,n);
}
```
程序的运行结果为：_____。

（4）分析程序。
```
#include <stdio.h>
main()
{   char ch1,ch2,ch;
    unsigned char c;
    int a;
    ch1=78;   ch2=67;
    ch=ch1+ch2;
    c=ch1+ch2;
    a=ch1+ch2;
    printf("ch1+ch2=%d, ",ch1+ch2);
    printf("ch=%d, ",ch);
    printf("c=%d, ",c);
    printf("a=%d\n",a);
}
```
程序的运行结果为：_____。

2. 程序改错题

下面程序的功能是：输入 3 个字符型数据，求它们的 ASCII 码的平均值，并输出。请改正程序中的错误，使其得出正确的结果。

```
#include<stdio.h>
void main()
{
    /********found********/
    char a,b,c
    /********found********/
    int p;
    scanf("%c%c%c",&a,&b,&c);
    /********found********/
    p=(a+b+c)/3;
    printf("average is %f\n",p);
}
```
① 错误语句：_____；改正语句：_____。
② 错误语句：_____；改正语句：_____。
③ 错误语句：_____；改正语句：_____。

3. 编程题

（1）编写程序，输入整数 1 500 和 350，求出它们的商和余数并输出。请在下面的空白处写出程序。

（2）编写程序，输入一个华氏温度，要求输出摄氏温度。请在下面的空白处写出程序。公式如下，其中，F 为华氏温度，C 为摄氏温度。

$$C = \frac{5}{9}(F-32)$$

11.3　实验3：格式输入/输出

实验目的

掌握不同数据类型的输入/输出方法。

实验内容

1. 程序填空题

（1）以下程序要求变量 m 输出为 6 位小数，n 输出为 2 位小数，请在下列程序的下划线处填入所需内容并分析运行结果。

```
#include <stdio.h>
void main()
{
   int  a,b;
   float  m,n;
   a=8;
     b=18;
     m=2.6;
     n=3.141 59;
   printf("%d  %d",a,b);
   printf("_____,_____",m,n);
}
```

程序的运行结果为：_____。

（2）请在下列程序的下划线处填入所需内容，使得程序运行后输出以下两行信息：

A 的 ASCII 码是 65

a 的 ASCII 码是 97

```
#include <stdio.h>
void main()
{
char c1,c2;
   c1='A';
   c2= _____ ;  /*将变量c1中存放的大写字母转换成对应的小写字母*/
printf("_____",c1,c1);
   printf("_____",c2,c2);
}
```

（3）请分析以下程序：

```
#include <stdio.h>
void main()
{
    int  a,b ;
    float  x,y ;
    char  c1,c2 ;
    scanf("a=%d,b=%d", &a,&b) ;
```

```
    scanf("%f%f",&x,&y) ;
    scanf("%c%c",&c1,&c2) ;
    printf("a=%d,b=%d,x=%3.2f,y=%6.2f,c1=%c,c2=%c\n",a,b,x,y,c1,c2);
}
```

以上程序运行后，如果要使得 a=3,b=4,x=6.5,y=8.72,c1=M,c2=m，应如何输入数据？输出结果是什么？

程序运行后应输入：_____。

程序的输出结果为：_____。

2. 改错题

输入三角形的 3 条边长，求三角形面积，输出结果保留两位小数。假设：3 条边长分别为 a、b、c，能构成三角形。已知面积公式：$area = \sqrt{s(s-a)(s-b)(s-c)}$，s=(a+b+c)/2。

请改正程序中的错误，使它能得出正确的结果。

注意：不要改动 main 函数，不得增行或删行，也不要更改程序的结构。

```c
#include <stdio.h>
#include <math.h>
void main()
{
    double a,b,c,s,area;
    /*********found********/
    scanf("%d,%d,%d",a,b,c);
    /*********found********/
    s=1/2*(a+b+c);
    area=sqrt(s*(s-a)*(s-b)*(s-c));
    printf("a=%7.2f, b=%7.2f, c=%7.2f, s=%7.2f\n",a,b,c,s);
    printf("area=%7.2f\n",area);
}
```

① 错误语句：_____；改正语句：_____。
② 错误语句：_____；改正语句：_____。

3. 编程题

（1）已知圆柱体底面圆的半径 r 为 3.0，圆柱体的高 h 为 5，求圆柱体底面圆的面积及圆柱体的体积，要求输出结果保留两位小数。请在下面的空白处写出程序。

（2）假设银行的一年期存款基准利率为 1.5%，一年期贷款基准利率为 4.35%，请编写程序，如果存入一定数额（比如 10 000 元）的一年期定期存款，计算存款到期后的利息是多少？假设银行把这些存款全部贷了出去，银行可获得的利差是多少？要求输入存款金额，输出结果保留两位小数。请在下面的空白处写出程序及存 10 000 元的利息和银行利差。

11.4 实验 4：选择语句的应用

实验目的

（1）熟练掌握 if 语句和 switch 语句。
（2）练习并掌握多分支选择结构的编程方法。

实验内容

1. 程序填空题

（1）请补充程序，输入两个实数，按代数值由小到大的顺序输出这两个数。

```
#include<stdio.h>
void main()
{
float a,b,t;
    scanf("%f,%f",&a,&b);
    if(a>b)
    {
```

```
        t=a;
            _____;
            _____;
    }
    printf("%.2f,%.2f\n",a,b);
}
```

程序运行后输入值：_____。

程序的输出结果为：_____。

（2）从键盘上输入一个字符，请判断输入的字符是数字字符、英文字符，还是其他字符。

```
#include<stdio.h>
void main()
{
char  ch;
printf("请输入字符：");
ch=_____;
   if(ch>='0'&&ch<='9')
printf("数字\n");
     else if(_____)
printf("英文字母\n");
     else
printf("其他字符\n");
}
```

2. 改错题

（1）下面程序的功能是：判断某一年是否为闰年。如果某一年能被 400 整除，则它是闰年；如果能被 4 整除，而不能被 100 整除，则它也是闰年；否则不是闰年。

请改正程序中的错误，使它能得出正确的结果。

注意：不要改动 main 函数，不得增行或删行，也不要更改程序的结构。

```
#include <stdio.h>
void main()
{
int  year,leap;
    printf("请输入一个年份：");
    /*********found********/
    scanf("%d",year);
    if(year%400==0)
        leap=1;
    else
    {
        /*********found********/
```

```
        if(year%4==0||year%100!=0)
            leap=1;
        else
            leap=0;
    }
    /********found********/
    if(leap=1)  printf("%d 是闰年!\n",year);
    else  printf("%d 不是闰年!\n",year);
}
```

① 错误语句：_____；改正语句：_____。
② 错误语句：_____；改正语句：_____。
③ 错误语句：_____；改正语句：_____。

（2）编制一个可以完成两个整数加、减、乘、除的计算器程序。如用户输入"36+54"，则输出"36+54=90"。要求用户输入时一次将两个整数和操作符输入。

请改正程序中的错误，使它能得出正确的结果。

注意：不要改动 main 函数，不得增行或删行，也不要更改程序的结构。

```
#include <stdio.h>
void main()
{
    int  a,b,c;  /*a、b 是操作数, c 是结果*/
    char  s;     /*s 是运算符号*/
    printf("输入 a,s,b:")
    /********found********/
    scanf("%d%d%d",&a,&s,&b);
    /********found********/
    switch(s);
    {
        case '+': c=a+b;break;
            case '-': c=a-b;break;
            case '*': c=a*b;break;
            /********found********/
            case '/': c=a\b;
            default: printf("出错!\n");
    }
        printf("%d%c%d=%d\n",a,s,b,c);
}
```

① 错误语句：_____；改正语句：_____。
② 错误语句：_____；改正语句：_____。
③ 错误语句：_____；改正语句：_____。

3. 编程题

(1) 编写程序,输入一个整数,打印输出它是奇数还是偶数。请在下面的空白处写出程序。

(2) 有一函数如下,编写程序,用 scanf 函数输入 x 的值,求 y 的值。 公式如下:

$$y = \begin{cases} -x & (x < 0) \\ x^2 + 1 & (0 \leq x < 5) \\ 3x - 10 & (x \geq 5) \end{cases}$$

请在下面的空白处写出程序。

(3) 输入一个整数成绩(存在变量 score 中),输出其对应的等级(存在变量 grade 中)。要求成绩在 0~100 之外的提示输入错误,成绩在 90~100 分的等级为 A,80~89 分等级为 B,70~79 分等级为 C,60~69 分等级为 D,0~59 分的等级为 E。请在下面的空白处写出程序。

11.5 实验 5：while 和 do...while 语句的应用

实验目的

（1）掌握 while 语句和 do...while 语句的使用。
（2）掌握 while 语句和 do...while 语句的区别。

实验内容

1. 程序填空题

（1）下列程序的功能是：求 1～100 内所有奇数的和。请勿改动程序中的任何内容，仅在横线上填入所需的内容。

```
#include <stdio.h>
void main()
{
    int i,s;
    i=1;
    s=_____;
    while(i<=100)
    {
        s=s+i;
        i=_____;
    }
    printf("s=%_____\n",s);
}
```

程序运行结果为：_____。

（2）下列程序的功能是：实现求 1!+2!+3!+…+10!的和。请勿改动程序中的任何内容，仅在横线上填入所需的内容。

```
#include <stdio.h>
void main()
```

```
{
    int i=1;
    long int t=1,sum=0;
    do
    {
        t=_____;
      sum=sum+t;
        _____;
    } while(_____);
    printf("sum=%ld\n", sum);
}
```

程序运行结果为：_____。

2. 改错题

下列程序的功能是：计算正整数 num 各位上的数字之积。例如，输入 252，则输出应该是 20；输入 202，则输出应该是 0。

请改正程序中的错误，使它能得出正确的结果。

注意：不要改动 main 函数，不得增行或删行，也不要更改程序的结构。

```
#include <stdio.h>
void main()
{
    int  num;
        /********found********/
    int  k;
    printf("\n 请输入一个整数：");
    scanf("%d",&num);
    do
    {
    k*=num%10;
/********found********/
    num \=10;
    }
/********found********/
    while(num)
        printf("%d\n",k);
}
```

① 错误语句：_____；改正语句：_____。
② 错误语句：_____；改正语句：_____。
③ 错误语句：_____；改正语句：_____。

3. 编程题

（1）求 $s = 1 + \dfrac{1}{2} + \dfrac{1}{3} + \cdots + \dfrac{1}{n}$ 的值。其中 n 由键盘输入。请在下面的空白处写出程序，并求当 n 为 10 时的运行结果。

（2）打印输出所有的"水仙花数"，所谓"水仙花数"是指一个 3 位数，其各位数字的立方和等于该数本身。例如 $153 = 1^3 + 5^3 + 3^3$，所以 153 是"水仙花数"。请在下面的空白处写出程序和运行结果。

（3）输出 Fibonacci 数列 1,1,2,3,5,8,13…的前 20 项，要求每 5 个数换一次行。请在下面的空白处写出你所观察出的 Fibonacci 数列的特点、该题的程序和运行结果。

11.6 实验6：for 语句和嵌套循环语句的应用

实验目的

（1）熟练掌握 for 语句的使用。
（2）掌握循环语句的嵌套。
（3）掌握 continue、break 语句的使用。

实验内容

1. 程序填空题

（1）下列程序的功能是：计算并输出 n（包括 n）以内所有能被 3 或 7 整除的自然数的倒数之和。例如，从键盘给 n 输入 30 后，输出为 s=1.226 323。
请勿改动程序中的任何内容，仅在横线上填入所需的内容。

```
#include <stdio.h>
void main()
{
    int n,i ;
    double sum=0.0;
    printf("请输入一个整数:");
    scanf("%d",&n);
    for(i=1;_____;i++)
        if(i%3==0_____i%7==0)
            sum+= _____ / i ;
    printf("结果为%f\n",sum);
}
```

若输入 20，则程序运行结果为：_____。

（2）下列程序的功能是：输出 30 以内的所有素数。素数即质数，是只能被 1 和其本身整除的整数。
请勿改动程序中的任何内容，仅在横线上填入所需的内容。

```
#include<stdio.h>
void main()
{
    int m,i,n=0;
    for(m=2;_____;m++)
    {
        for(i=2;i<=m-1;i++)
```

```
            if(_____) break;
        if(i>=_____)
            printf("%4d ",m);
    }
    printf("\n");
}
```

程序运行结果为：_____。

2. 改错题

下列程序的功能是：输入一个整数 m，计算如下公式的值。

$$y = 1 - \frac{1}{2\times 2} + \frac{1}{3\times 3} - \frac{1}{4\times 4} + \cdots \frac{1}{m\times m}$$

如 m=5，则输出结果为 0.838 611。
请改正程序中的错误，使它能得出正确的结果。
注意：不要改动 main 函数，不得增行或删行，也不要更改程序的结构。

```
#include <stdio.h>
void main()
{
        int m,i,f=1;
        double y=1.0;
    printf("请输入 m 的值：");
        scanf("%d",&m);
/********found********/
        for(i=2;i<m;i+1)
/********found********/
        {
            y+=f/(i*i);
            f=-1*f;
        }
        printf("结果为%lf\n",y);
}
```

① 错误语句：_____；改正语句：_____。
② 错误语句：_____；改正语句：_____。

3. 编程题

（1）编写程序，输入 n 的值，求 $S = 1 + \frac{1}{1+2} + \frac{1}{1+2+3} + \cdots \frac{1}{1+2+3+\cdots +n}$ 的值。若输入 n 为 50，则输出为 S=1.960 784。请在下面的空白处写出程序。

（2）输入正整数 m 和 n，求其最大公约数。如 m=24、n=18，则最大公约数为 6。请在下面的空白处写出程序。

（3）猴子第一天摘下若干个桃子，当即吃了一半，然后又多吃了一个。第二天早上又将剩下的桃子吃掉一半，又多吃了一个，以后每天早上都吃了前一天剩下的一半零一个。到第 10 天早上想再吃时，就只剩一个桃子了。求第一天共摘了多少个桃子？请在下面的空白处写出程序和运行结果。

11.7 实验 7：一维数组的应用

实验目的

（1）熟练掌握一维数组的定义、初始化以及数组元素的应用。
（2）掌握一维数组在编程中的应用。

实验内容

1. 程序填空题

（1）下列程序的功能是：为包含 10 个元素的一维数组输入元素，并以一行 5 个元素的形式输出。在横线上填入所需内容。
```
#include<stdio.h>
void main()
{
   int a[10],i;
   for(i=0;i<10;i++)
       _____;
   for(_____)
   {
       printf("%5d",a[i]);
       if(_____)
           printf("\n");
   }
}
```
（2）下列程序的功能是：用数组输出 Fibonacci 数列 1,1,2,3,5,8,13…的前 20 项，要求在输出时每 4 个数换一次行。在横线上填入所需内容。
```
#include<stdio.h>
void main()
{
   int f[20],i;
   f[0]=f[1]=____;
   for(_____;i<20;i++)
      _____;
   for(i=0;i<20;i++)
   {
       printf("%5d",f[i]);
```

```
            if((i+1)%4==0)
                printf("\n");
    }
}
```
程序运行结果为：＿＿＿＿＿＿＿＿＿＿＿＿＿＿＿。

（3）下列程序的功能是：求一维数组元素中的最大值，并将其和数组的第一个元素交换。最后输出该一维数组中的元素。请勿改动程序中的任何内容，仅在横线上填入所需的内容。

```
#include<stdio.h>
void main()
{
    int a[10],i,max,maxi,t;
    for(i=0;i<10;i++)
        scanf("%d",&a[i]);
    max=a[0];
    maxi=0;
    for(i=1;i<10;i++)
        if(max<a[i])
        {
            max=_____;
            maxi=_____;
        }
    t=a[maxi];
    _____;
    a[0]=t;
    for(i=0;i<10;i++)
        printf("%6d",a[i]);
}
```

2. 改错题

（1）下列程序的功能是：统计具有 10 个元素的自然数组 num 中的奇数个数。请改正程序中的错误，使它能得出正确的结果。

注意：不要改动 main 函数，不得增行或删行，也不要更改程序的结构。

```
#include<stdio.h>
void main()
{
/********found********/
    int num[10],i,count=1;
    for(i=0;i<10;i++)
/********found********/
        scanf("%d",num[i]);
```

```
        for(i=0;i<10;i++)
/********found********/
            if(num[i]%2=0)
                count++;
        printf("%d",count);
}
```

① 错误语句：_____；改正语句：_____。
② 错误语句：_____；改正语句：_____。
③ 错误语句：_____；改正语句：_____。

（2）下列程序的功能是：在一维数组 a 中，输入各元素，在元素下标为 2 的位置上插入元素 num，最后输出一维数组中的各元素值。

请改正程序中的错误，使它能得出正确的结果。

注意：不要改动 main 函数，不得增行或删行，也不要更改程序的结构。

```
#include<stdio.h>
void main()
{
        int a[10],i,num;
/********found********/
     for(i=0;i<10;i++)
      scanf("%d",&a[i]);
      scanf("%d",&num);
/********found********/
     for(i=8;i>=2;i++)
/********found********/
         a[i-1]=a[i];
     a[2]=num;
     for(i=0;i<10;i++)
      printf("%3d",a[i]);
}
```

① 错误语句：_____；改正语句：_____。
② 错误语句：_____；改正语句：_____。
③ 错误语句：_____；改正语句：_____。

3. 编程题

（1）定义一个 5 个元素的一维实数型数组，输入数组元素值，求该数组的最大值和最小值，并输出。例如：输入"4.5，2.3，45.8，1.2，34.6"。输出最大值为 45.8，最小值为 1.2。请在下面的空白处写出程序和运行结果。

（2）输入10个学生的整数成绩，求平均成绩并输出，同时输出低于平均分的学生成绩。请在下面的空白处写出程序和运行结果。

（3）定义一个10个元素的整型数组，输入数组元素，要求将该数组中的元素按逆序重新存放，并输出逆置后的数组元素。例如：原来顺序为 2,3,4,6,8,9,13,34,1,10，要求改为10,1,34,13,9,8,6,4,3,2。请在下面的空白处写出程序和运行结果。

（4）求1到m之间能被7或11整除的所有整数，并将其放在数组a中。输出数组a中的所有元素。其中 m 的值由键盘输入。请在下面的空白处写出程序和运行结果。

11.8　实验 8：二维数组的应用

实验目的

（1）熟练掌握二维数组的定义、初始化以及数组元素的应用。
（2）掌握二维数组在编程中的应用。

实验内容

1. 程序填空题

（1）下列程序的功能是：判断一个 3*3 的矩阵是否是对称矩阵。若在一个矩阵中，元素以主对角线为对称轴对应相等的矩阵，则称该矩阵为对称矩阵。例如对于下列矩阵 a：

```
1   2   3
2   4  -5
3  -5   6
```

a[i][j]与 a[j][i]相等，0≤i<3，0≤j<3，矩阵 a 就是对称矩阵。

```c
#include<stdio.h>
void main()
{
    int a[3][3],i,j,flag=1;
    for(i=0;i<3;i++)
        for(j=0;j<3;j++)
            scanf("%d",&a[i][j]);
    for(i=0;i<3;i++)
```

```
            for(j=0;j<3;j++)
                if(_____)
                {
                    flag=0;
                    _____;
                }
            if(_____)
                printf("该矩阵是对称矩阵\n");
            else
                printf("该矩阵不是对称矩阵\n");
}
```

若输入矩阵为_____则程序运行结果为：_____。

（2）下列程序的功能是：输出 10 行杨辉三角形。

```
1
1   1
1   2   1
1   3   3   1
1   4   6   4   1
...
#include<stdio.h>
void main()
{
    int a[10][10],i,j;
    for(i=0;i<10;i++)
        a[i][0]=a[i][i]=_____;
    for(i=2;i<10;i++)
        for(j=1;j<i;j++)
            a[i][j]=_____;
    for(i=0;i<10;i++)
        for(j=0;j<=i;j++)
        {
            printf("%5d",a[i][j]);
            if(_____)
                printf("\n");
        }
}
```

程序运行结果为：_____。

2. 改错题

（1）下列程序的功能是：求一个二维数组的最大数和最小数，并输出这两个数。

请改正程序中的错误，使它能得出正确的结果。

注意：不要改动 main 函数，不得增行或删行，也不要更改程序的结构。

```c
#include<stdio.h>
void main()
{
    int a[2][3],i,j,max,min;
    for(i=0;i<2;i++)
        for(j=0;j<3;j++)
            scanf("%d",&a[i][j]);
    max=min=a[0][0];
    for(i=0;i<2;i++)
/********found********/
        for(j=0;j<=3;j++)
        {
/********found********/
            if(max>a[i][j])
                max=a[i][j];
            if(min>a[i][j])
                min=a[i][j];
        }
    printf("最大数为%d,最小数为%d",max,min);
}
```

① 错误语句：_____；改正语句：_____。

② 错误语句：_____；改正语句：_____。

（2）下列程序的功能是：判断一个矩阵的主对角线和反对角线的和是否相等。

请改正程序中的错误，使它能得出正确的结果。

注意：不要改动 main 函数，不得增行或删行，也不要更改程序的结构。

```c
#include<stdio.h>
void main()
{
/********found********/
    int a[3][3],i,j,sum1,sum2;
    for(i=0;i<3;i++)
        for(j=0;j<3;j++)
            scanf("%d",&a[i][j]);
    for(i=0;i<3;i++)
        sum1+=a[i][i];
    for(i=0;i<3;i++)
/********found********/
        sum2+=a[i][3-i];
```

```
/********found********/
    if(sum1=sum2)
        printf("相等\n");
    else
        printf("不相等\n");
}
```

① 错误语句：_____；改正语句：_____。
② 错误语句：_____；改正语句：_____。
③ 错误语句：_____；改正语句：_____。

3. 编程题

（1）编写程序，为一个 3*3 的矩阵输入元素值，并输出其下三角矩阵。请在下面的空白处写出程序。

（2）编写程序，从键盘中输入一个二维数组和一个整数，判断数组中是否含有该整数。若存在，则输出"该数存在数组中"；否则输出"该数不在数组中"。请在下面的空白处写出程序。

（3）编写程序，有两个 3*3 的二维数组 A 和 B（数组自定义，无须输入），求出两个二维数组的和,将结果保存在二维数组 C 中,最后输出 C 中的元素。请在下面的空白处写出程序和运行结果。

(4) 编写程序,有一个 4*4 的二维数组(数组自定义,无须输入),求该数组周边元素之和并输出。请在下面的空白处写出程序和运行结果。

11.9 实验 9:字符数组的应用

实验目的

(1) 熟练掌握字符数组的定义、初始化以及数组元素的应用。
(2) 掌握字符串处理函数的应用。

实验内容

1. 程序填空题

下列程序的功能是:有字符串 ch1[20]和 ch2[20],将 ch2 与 ch1 合并成一个字符串,合并后的字符串存储在 ch1 中。不能使用 strcat()函数。例如：ch1 字符串为"abcd", ch2 字符串为"defg"，则合并后 ch1 字符串的内容为"abcddefg"。

```
#include<stdio.h>
#include<string.h>
void main()
{
    char ch1[20],ch2[20];
    int i,j;
    gets(ch1);
    gets(ch2);
    i=_____;
    for(j=0;ch2[j]!='\0';i++,j++)
        _____;
    ch1[i]=____;
    puts(ch1);
}
```

2. 程序改错题

下列程序的功能是：统计字符串中英文大写字母、小写字母、数字字符、空格及其他字符的个数。

请改正程序中的错误，使它能得出正确的结果。

注意：不要改动 main 函数，不增行或删行，也不要更改程序的结构。

```
#include<stdio.h>
void main()
{
    char ch[81];
    int i,n1,n2,n3,n4,n5;
    n1=n2=n3=n4=n5=0;
/********found********/
    gets(&ch);
/********found********/
    for(i=0;ch[i]=='\0';i++)
        if(ch[i]>='A'&&ch[i]<='Z')
            n1++;
/********found********/
        else if(ch[i]>'a'&&ch[i]<'z')
            n2++;
        else if(ch[i]>='0'&&ch[i]<='9')
            n3++;
        else if(ch[i]==' ')
```

```
            n4++;
        else
            n5++;
    printf("大写字母的个数%d\n 小写字母的个数%d\n 数字字符的个数%d\n 空格字符的个数%d\n 其他字符的个数%d\n",n1,n2,n3,n4,n5);
}
```

① 错误语句：_____；改正语句：_____。
② 错误语句：_____；改正语句：_____。
③ 错误语句：_____；改正语句：_____。

3. 编程题

（1）编写程序，求一字符串的长度。不能使用 strlen 函数。请在下面的空白处写出程序和运行结果。

（2）编写程序，将一字符串中的大写字母转换为小写字母，小写字母转换为大写字母，其他字符不变。最后输出转换后的字符串。请在下面的空白处写出程序和运行结果。

（3）编写程序，判断一字符串是否是回文。如果是，则输出"该字符串是回文"，若不是，则输出"该字符串不是回文"。请在下面的空白处写出程序和运行结果。

11.10　实验 10：函数的定义和调用

实验目的

（1）熟练掌握函数的定义、声明及调用格式。
（2）掌握函数递归的调用。

实验内容

1. 程序填空题

（1）请补充程序，其中 fun 函数的功能是判断一个整数的个位数字和百位数字之和是否等于其十位上的数字，如果是返回 1，不是返回 0。

```
#include<stdio.h>
_____;      /*函数的说明*/
void main()
{
    int num=0,k;
    printf("Input data\n");
    scanf("%d",&num);
    k=_____;      /*函数的调用*/
    if(k==1)
            printf("yes!\n");
    else
            printf("no!\n");
```

```
}
int fun(int n)
{
    int g,s,b;
    g=n%10;
    s=n/10%10;
    b=_____;
    if((g+b)==s)
        return _____;
    else
        return 0;
}
```
若输入 396，程序运行结果为：_____；
若输入 369，程序运行结果为：_____。

（2）补充 fun 函数，使从键盘上输入一个整数 n，输出斐波纳契数列。斐波纳契列是一种整数数列，其中每数等于前面两数之和，如 0 1 1 2 3 5 8 13……

```
#include <stdio.h>
int fun(int n);
void main()
{
    int i, n = 0;
    scanf("%d", &n);
    for (i=0; i<n; i++)
        printf("%d  ", fun(i));
}
int fun(int n)
{
    if (_____)
        return 0;
    else if (_____)
        return 1;
    else
        return _____;
}
```
若输入 20，程序运行结果为：_____。

2. 改错题

给定 fun 函数功能：计算 S=f(−n)+f(−n+1)+…+f(0)+f(1)+f(2)+…f(n)的值。
例如，当 n 为 5 时，函数值应为 10.407 143。f(x)函数定义如下：

$$f(x)=\begin{cases}(x+1)/(x+2) & x>0 \\ 0 & x=0\text{ 或 }x=2 \\ (x-1)/(x-2) & x<0\end{cases}$$

请改正程序中的错误，使它能得出正确的结果。

注意：不要改动 main 函数，不增行或删行，也不要更改程序的结构。

```
#include <stdio.h>
#include <math.h>
/********found********/
f(double  x)
{   if (x==0.0 ‖ x==2.0)
        return 0.0;
    else if (x < 0.0)
        return (x-1)/(x-2);
    else
        return (x+1)/(x+2);
}
double  fun(int n)
{   int  i;
    double  s = 0.0, y;
    for (i=-n; i<=n; i++)
    {
        y = f(1.0*i);
        s += y;
    }
/********found********/
    return  s
}
void main()
{
    printf("%lf\n", fun(5));
}
```

① 错误语句：_____；改正语句：_____。
② 错误语句：_____；改正语句：_____。

3. 编程题

（1）编写一个 fun 函数，功能是：求 n 以内（不包含 n）同时能被 3 和 7 整除的所有自然数之和的平方根 s，并作为函数值返回。

例如，若 n 为 1 000 时，函数值应为 s=153.909 064

```
#include <math.h>
#include <stdio.h>
```

```
double fun( int n)
{




}
void main()
{
    printf("s=%f\n", fun(1000));
}
```

（2）编写一个 fun 函数，功能是：根据以下公式求出 P 的值，结果由函数值带回。m 与 n 为两个正整数且要求 m>n。如 m=12、n=8 时，运行结果为 495.000 000。

$$P = \frac{m!}{n!(m-n)!}$$

```
#include <stdio.h>
float fun( int m, int n)
{


}
void main()
{
    printf("P=%f\n", fun(12,8));
}
```

11.11 实验 11：数组作为函数参数

实验目的

（1）理解数组名作为函数参数的传递过程。
（2）理解全局变量和编译预处理的使用方法。

实验内容

1. 程序填空题

（1）给定程序的功能是：将 n 个人员的考试成绩进行分段统计，考试成绩放在数组 a 中，各分段的人数存到数组 b 中：成绩为 60～69 的人数存到 b[0]中，成绩为 70～79 的人数存到 b[1]，成绩为 80～89 的人数存到 b[2]，成绩为 90～99 的人数存到 b[3]，成绩为 100 的人数存到 b[4]，成绩为 60 分以下的人数存到 b[5]中。

例如，若数组 a 中的数据是：93、85、77、68、59、43、94、75、98。调用该函数后，数组 b 中存放的数据应是：1、2、1、3、0、2。

```
#include <stdio.h>
void fun(int a[], int b[], int n)
{
    int i;
    for (i=0; i<6; i++)
        b[i] = 0;
    for (i=0; i<_____; i++)
        if (a[i]<60)
            b[5]++;
        _____
            b[(a[i]-60)/10]++;
}
void main()
{
    int i, a[100] = {93, 85, 77, 68, 59, 43, 94, 75, 98}, b[6];
    fun(_____, 9);
    printf("the result is: ");
    for (i=0; i<6; i++)
        printf("%d ", b[i]);
    printf("\n");
}
```

（2）在主函数中，从键盘输入若干个数放入数组 x 中，用 0 结束输入但不计入数组。下列给定程序中，函数 fun 的功能是：输出数组元素中小于平均值的元素。请补充函数 fun。

例如，数组中元素的值依次为 1，2，2，12，5，15，则程序的运行结果为 1，2，2，5。

```
#include <stdio.h>
void fun(_____, int n)
{ double sum = 0.0;
    double average = 0.0;
    int i = 0;
    for (i=0; i<n; i++)
        _____;
    average = _____;
    for (i=0; i<n; i++)
        if (x[i] < average)
        {
```

```
            if (i%5 == 0)
                printf("\n");
            printf("%d, ", x[i]);
    }
}
void main()
{
    int  x[1 000];
        int  i = 0;
        printf("\n请输入一些整数(以 0 结束):");
        do
        {
         scanf("%d", &x[i]);
        } while (x[i++] != 0);
        fun(x, i-1);
}
```

2. 改错题

下列给定程序中，函数 fun 的功能是：计算函数 F(x,y,z)=(x+y)/(x-y)+(z+y)/(z-y)的值。其中 x 和 y 不相等，z 和 y 不相等。例如，当 x 的值为 9，y 的值为 11；z 的值为 15 时，函数值为–3.50。

请改正程序中的错误，使它能得出正确的结果。

注意：不要改动 main 函数，不增行或删行，也不要更改程序的结构。

```
#include <stdio.h>
#include <stdlib.h>
/********found********/
#define FU(m,n)   (m/n)
float fun(float a, float b, float c)
{
    float  value;
    value = FU((a+b), (a-b))+FU((c+b), (c-b));
    /********found********/
    Return (value); }
void main()
{
    float  x, y, z, sum;
        printf("Input x y z: ");
        scanf("%f%f%f", &x, &y, &z);
        printf("x=%f,y=%f,z=%f\n",x,y, z);
        if (x==y || y==z)
```

```
        {
            .  printf("数据错误!\n");
               exit(0);  //退出程序
        }
        sum = fun(x, y, z);
        printf("The result is :%5.2f\n", sum);
}
```

① 错误语句：_____；改正语句：_____。
② 错误语句：_____；改正语句：_____。

3. 编程题

（1）请编写函数 fun，它的功能是：将一组得分，去掉一个最高分和一个最低分，然后求平均值，并通过函数返回。函数形参 a 存放得分的数组，形参 n 中存放得分人数（n>2）。

例如，输入 9.9、8.5、7.6、8.5、9.3、9.5、8.9、7.8、8.6、8.4 这 10 个得分，则输出结果为：8.687 500。

```
#include <stdio.h>
double fun(double a[ ] , int n)
{

}
void main()
{
    double b[10], r;
    int  i;
    printf("输入 10 个分数放入 b 数组中： ");
    for (i=0; i<10; i++)
       scanf("%lf",&b[i]);
    printf("输入的 10 个分数是： ");
    for (i=0; i<10; i++)
       printf("%4.1lf ",b[i]);
    printf("\n");
    r = fun(b, 10);
    printf("去掉最高分和最低分后的平均分： %f\n", r);
}
```

（2）m 个人的成绩存放在 score 数组中，请编写函数 fun，它的功能是：将低于平均分的人数作为函数值返回，将低于平均分的分数放在 below 所指的数组中。

例如，当 score 数组中的数据为 10、20、30、40、50、60、70、80、90 时，函数返回的人数应该是 4，below 中的数据应为 10、20、30、40。

```
#include <stdio.h>
int fun(int score[],int m, int below[])
```

```
    }
}
void main()
{
    int i,n,below[9];
    int score[9]={10,20,30,40,50,60,70,80,90};
    n=fun(score,9,below);
    printf("\n低于平均值的数据有:");
    for(i=0;i<n;i++)
    {
        printf("%d ",below[i]);
    }
}
```

（3）请编写函数 fun，函数的功能是：求出二维数组周边元素之和，作为函数值返回。二维数组中的值在主函数中赋予。

例如，若二维数组中的值为

1 3 5 7 9
2 9 9 9 4
6 9 9 9 8
1 3 5 7 0

则函数值为61。

```
#include <stdio.h>
#define M 4
#define N 5
int fun ( int a[M][N] )
{
}
void main()
{
    int aa[M][N]={{1,3,5,7,9},{2,9,9,9,4},{6,9,9,9,8},{1,3,5,7,0}};
    int i, j, y;
    printf ( "原始数据为 : \n" );
    for ( i=0; i<M; i++ )
    {
        for ( j=0; j<N; j++ )
            printf( "%6d", aa[i][j] );
        printf ("\n");
    }
    y = fun ( aa );
```

```
        printf( "\n周边元素之和为： %d\n" , y);
        printf("\n");
}
```

11.12　实验12：指针变量的定义、数组和指针

实验目的

（1）理解指针的含义、学习指针的用法。
（2）掌握数组和指针的应用。

实验内容

1. 程序分析题

（1）分析以下程序，判断输出结果，然后上机调试验证结果。
```
#include<stdio.h>
void main()
{
    int a[]={1,2,3,4,5,6,7,8,9,10,11,12};
    int *p=a+5,*q=a;
    *q=*(p+5);
    printf("%d %d\n",*p,*q);
}
```
程序中的语句*q=*(p+5); 可以用数组下标形式等价表示为：_____。
程序运行结果为：_____。
（2）分析以下程序，判断输出结果，然后上机调试验证结果。
```
#include<stdio.h>
void main()
{
  int a[10]={3,7,9,11,10,6,7,5,4,2},*p,*q,t;
  p=a;
  q=a+9;
  while(p<q)
    {
         t=*p;
         *p=*q;
         *q=t;
         p++;
```

```
      q--;
     }
   printf("*q=%d\n",*q);
}
```

以上程序的运行结果是_____。

程序中的循环体被执行的次数是_____。

2. 程序填空题

下面程序功能是：求一维数组中值最大的元素，并输出它的值和位置。

例如，输入 8 个数： 4   5   12   34   5   6   7   10

输出：最大元素为 34，是第 4 个数。

```
#include<stdio.h>
#define N 8
void main()
{
   int a[N], *p, *max;
     printf("请输入%d个数：\n",N);
     for(p=a; p-a<N; p++)
        scanf("%d",_____);
     for(p=a, max=a; p-a<N; p++)    /*找最大数*/
        if(*p>*max)
           _____;
     printf("\n最大数是%d,是第%d个数\n", _____,_____);
}
```

程序运行结果为：_____。（以程序中给出的数据为例）

3. 改错题

（1）下面程序功能是：将字符串 s 中的字符逆序放在 t 中，然后把 s 中的字符正序接到 t 后面。

例如：s 为 ABCDE，则 t 为 EDCBAABCDE

```
#include<stdio.h>
#include<string.h>
void main()
{
   char *s="ABCDE";
     char t[80];
     int s1,i;
     printf("原序列：");
     puts(s);
   s1=strlen(s);
```

```
    /********found********/
     for(i=0;i<s1;i++)
         t[i]=s[s1-i];
    /********found********/
      for(i=0;i<s1;i++)
         t[s1]=s[i];
      t[2*s1]='\0';
      printf("结果为：");
      puts(t);
}
```

① 错误语句：_____；改正语句：_____。

② 错误语句：_____；改正语句：_____。

（2）下面程序功能是：依次取出字符串中所有的数字字符，形成新的字符串，并取代原字符串。

```
#include <stdio.h>
void main()
{
   int i, j;
    char s[80];
    printf("\n输入一串字符串 :");
    gets(s);
   /********found********/
    for (i=0, j=0; s[i]!='\0'; i++)
        if (s[j]>='0' && s[i]<='9')
            s[j] = s[i];
   /********found********/
    s[j] = "\0";
    printf("\n\n新字符串为 : %s\n", s);
}
```

① 错误语句：_____；改正语句：_____。

② 错误语句：_____；改正语句：_____。

4. 编程题

（1）编写程序：将 ss 所指字符串中所有下标为奇数位置上的字母转为大写（若该位置不是字母，或者已经是大写字母，则不转换）。

例如：输入"abc4Efg"，则输出"aBc4EFg"（从 0 号开始)

```
#include<stdio.h>
void main()
{
   char a[80], *ss;  int i;
```

```
        ss=a;
        printf("请输入字符串：");
        gets(ss);
        /********以下写程序********/




        /***********************/
        printf("结果为:");
        puts(ss);
}
```

（2）编写程序：去掉字符串最后的*号，前面和中间的*都保留。
例如：***ABCD**EE******，变为***ABCD**EE**。

```
#include<stdio.h>
void main()
{
    char a[80], *ss;  int i;
    ss=a;
    printf("请输入字符串：");
    gets(ss);
    /********以下写程序********/
    /***********************/
    printf("结果为:");
    puts(ss);
}
```

11.13　实验 13：结构体的应用

实验目的

（1）掌握结构体类型的定义和结构体变量的定义。
（2）掌握结构体数组、指向结构体的指针变量的应用。

实验内容

1. 程序分析题

(1) 分析以下程序,判断输出结果,然后上机调试验证结果。
```c
#include <stdio.h>
#include <string.h>
struct student
{
    char name[10];
    char sex;
    int age;
};
void main()
{
    struct student s1={"Hua",'m',18},s2={"Qin",'f',19};
    s2.age++;
    printf("%s,%d,%d \n",s1.name,s1.age,s2.age );
}
```
以上程序运行后的输出结果是_____。
程序运行后 s2 变量中 name 成员值为_____。

(2) 分析以下程序,判断输出结果,然后上机调试验证结果。
```c
#include <stdio.h>
#include <string.h>
typedef struct {
        char name[10];
        char sex;
        int age;
         } STU;
void fun(STU t)
 {
   strcpy(t.name,"Tong");
   t.age++;
 }
void  main()
 {
    STU s[2]={"Hua",'m',18};
    fun(s[1]);
    printf("%s,%d,%s,%d\n",s[0].name,s[0].age,s[1].name ,s[1].age );
```

    }
程序运行后的输出结果是_____。

2. 程序填空题

程序通过定义学生结构体变量，存储学生的学号、姓名和 3 门课的成绩。结构体变量 a 和 b 中的学号、姓名和三门课的成绩依次是 10001、"ZhangSan"、95、80、88，然后修改变量 b 中的数据为 10002、"LiSi"、100、85、93。

```
#include<stdio.h>
#include<string.h>
struct student {
  int sno;
  char name[10];
  int score[3];
};
void main()
{
  struct student a={10001,"ZhangSan", 95, 80, 88},b;
  int i;
  b=a;
  printf("\n\n变量a的数据是:\n");
  printf("\n 学号: %d  姓名：%s\n 成绩为: ",a.sno, a.name);
  for (i=0;i<3;i++)
      printf("%4d", _____);
  printf("\n");
  /*********修改b的值***********/
  b.sno=10002;
  strcpy(_____, "LiSi");
  printf("\n\n变量b的数据是:\n");
  printf("\n 学号: %d  姓名：%s\n 成绩为: ",b.sno, b.name);
  for (i=0;i<3;i++)
  {
      b.score[i]=_____;
      printf("%4d", b.score[i]);
  }
  printf("\n");
}
```

3. 编程题

某学生的记录由学号、8 门课成绩和平均分组成，学号和 8 门课的成绩已在主函数中给出。

请编写 fun 函数，它的功能是：求出该学生的平均分放在记录的 ave 成员中。请自己定义正确的形参。

```
#include <stdio.h>
#define  N  8
typedef  struct
{
   char  num[10];
    double  s[N];
    double  ave;
} STREC;
void  main()
{  STREC  s={"GA005",85.5,76,69.5,85,91,72,64.5,87.5};
     int  i;
    /*请补充程序完整*/




   /************************/
   printf("学生 %s 的成绩是：\n", s.num);
     for(i=0;i<N;i++)
         printf("%4.1f\n",s.s[i]);
    printf("\n平均分是%7.3f\n",s.ave);
}
```

11.14　实验 14：综合练习

实验目的

（1）能够分析 C 语言程序的运行结果。
（2）理解程序编写的步骤。
（3）掌握编写程序的过程与方法。

实验内容

1. 程序分析题

（1）以下程序中"10*MIN(i,j)"的宏展开式为_____，程序运行时若输入 10,15，则运行结果是_____。

```c
#include <stdio.h>
#define  MIN(x,y)   x<y?x:y
void main()
{
    int i,j,k;
    scanf("%d,%d",&i,&j);
    k=10*MIN(i,j);
    printf("%d\n",k);
}
```

（2）以下程序的运行结果是_____，程序中的循环体被执行的次数是_____。

```c
#include<stdio.h>
void main()
{
    int a[10]={3,7,9,11,10,6,7,5,4,2},*p,*q;
    p=a;  q=a+9;
    while(p<q)
    {
        *p++;    *q--;
        p++;    q--;
    }
    printf("%d,%d\n",a[2],a[8]);
}
```

2. 程序填空题

（1）函数 fun 的功能是删除字符串中字母 a，例如：原字符串为"This is an apple"，删除后的字符串为"This is n pple"。
请勿改动程序中的任何内容，仅在横线上填入所需的内容。

```c
#include<stdio.h>
#include<string.h>
void fun(char a[])
{
    int i,j;
    for(i=0,j=0;i<strlen(a);i++)
```

```
            if(_____)         //如果字符不是'a',则留在字符串中
            {
                a[j]=a[i];
                j++;
            }
        a[j]=_____;
}
void main()
{
        char s[20]="This is an apple";
        puts("原字符串为: ");
        puts(s);
        fun(_____);            //调用fun函数
        puts("现字符串为: ");
        puts(s);
}
```

(2)输入一串字符存入字符数组 ch1[20]中,将该字符串中的大写字母转成小写字母、小写字母转成大写字母,其他字符不变,存入字符数组 ch2[20]中,输出字符串 ch2。

```
#include<stdio.h>
void main()
{
        char ch1[20],ch2[20]; int i;
        scanf("%s",ch1);
        for(i=0;ch1[i]!='\0';i++)
            if(ch1[i]>='A' && ch1[i]<='Z') ch2[i]=_____;
            else if(ch1[i]>='a' && ch1[i]<='z') ch2[i]=_____;
            else ch2[i]=_____;
        ch2[i]='\0';
        printf("%s\n",ch2);
}
```

3. 程序改错题

以下程序用于判断 a、b、c 能否构成三角形,若能,输出 YES,否则输出 NO。当给 a、b、c 输入三角形 3 条边长时,确定 a、b、c 能构成三角形是需同时满足 3 个条件:a+b>c,a+c>b,b+c>a。

```
#include<stdio.h>
void main()
{
        float a,b,c;
        /********found********/
```

```
    scanf("%f%f%f",a,b,c);
    /********found********/
    if(a+b>c,a+c>b,b+c>a) printf("YES\n");
    /********found********/
    printf("NO\n");
}
```

① 错误语句：_____；改正语句：_____。
② 错误语句：_____；改正语句：_____。
③ 错误语句：_____；改正语句：_____。

4. 编程题

（1）编写程序，要求输入实数 x 的值，根据以下分段函数要求计算并输出 y，要求结果保留 2 位小数。fun 函数功能为：通过 x 值计算 y 值并返回，请书写 fun 函数。

$$y = \begin{cases} x & \text{当} x < 0 \text{时} \\ 2x+1 & \text{当} 0 \leq x \leq 20 \text{时} \\ \sqrt{x} & \text{当} x > 20 \text{时} \end{cases}$$

注意：只在 fun 函数{ }中写程序，不改动 main 函数。

```
#include <stdio.h>
#include <math.h>
float fun(float x)
{


}
void main()
{
    float x,y;
    scanf("%f",&x);
    y=fun(x);
    printf("%.2f\n",y);
}
```

（2）编写 fun 函数，其功能是：统计整数 n 中数值为 3 的个数并存放在数组元素 c[0]中，数值为 5 的个数并存放在数组元素 c[1]中。其中 n 由主函数输入，例如输入 355888，则输出：3 有 1 个，5 有 2 个。

注意：只在 fun 函数{ }中写程序，不要改动 main 函数。

```
#include<stdio.h>
void fun(int n,int c[2])
{


}
```

```
void main()
{
    int n,c[2];
    printf("input n:\n");
    scanf("%d",&n);
    fun(n,c);
    printf("3有%d个, 5有%d个\n",c[0],c[1]);
}
```

附录1 C语言中的关键字

C语言中共有32个关键字。

auto	break	case	char
const	continue	default	do
double	else	enum	extern
float	for	goto	if
int	long	register	return
short	signed	sizeof	static
struct	switch	typedef	union
unsigned	void	volatile	while

附录2　C语言中的运算符及优先级

优先级	运算符	运算符含义	结合性	说　　明
1	()	圆括号，优先级最高	从左到右	
	[]	数组下标		
	.	成员选择（对象）		
	->	成员选择（指针）		
2	-	负号运算符	从右到左	单目运算符
	(类型)	强制类型转换		
	++	自增运算符		
	--	自减运算符		
	*	取值运算符		
	&	取地址运算符		
	!	逻辑非运算符		
	~	按位取反运算符		
	sizeof	长度运算符		
3	/	除	从左到右	双目运算符
	*	乘		
	%	余数（取模）		
4	+	加	从左到右	双目运算符
	-	减		
5	<<	左移	从左到右	双目运算符
	>>	右移		
6	>	大于	从左到右	双目运算符
	>=	大于等于		
	<	小于		
	<=	小于等于		
7	==	等于	从左到右	双目运算符
	!=	不等于		
8	&	按位与	从左到右	双目运算符
9	^	按位异或	从左到右	双目运算符
10	|	按位或	从左到右	双目运算符
11	&&	逻辑与	从左到右	双目运算符
12	||	逻辑或	从左到右	双目运算符

续表

优先级	运算符	运算符含义	结合性	说　明
13	?:	条件运算符	从右到左	三目运算符
14	=	赋值运算符	从右到左	双目运算符
优先级	运算符	运算符含义	结合性	说明
14	/=	除后赋值	从右到左	双目运算符
	*=	乘后赋值		
	%=	取模后赋值		
	+=	加后赋值		
	-=	减后赋值		
	<<=	左移后赋值		
	>>=	右移后赋值		
	&=	按位与后赋值		
	^=	按位异或后赋值		
	|=	按位或后赋值		
15	,	逗号运算符 (顺序求值运算符)	从左到右	顺序运算

说明：

（1）同一优先级的运算符，运算次序由结合方向所决定。

（2）不同的运算符要求不同个数的运算对象，单目运算符要求只能在运算符的一侧出现一个运算对象，双目运算符要求在运算符的两侧各有一个运算对象，条件运算符是 C 语言中唯一的三目运算符，要求有三个运算对象，如：x?a:b。

附录3 常用字符与ASCII码对照表

ASCII 值	字符	ASCII 值	字符	ASCII 值	字符	ASCII 值	字符
0	NUT	32	(space)	64	@	96	`
1	SOH	33	!	65	A	97	a
2	STX	34	"	66	B	98	b
3	ETX	35	#	67	C	99	c
4	EOT	36	$	68	D	100	d
5	ENQ	37	%	69	E	101	e
6	ACK	38	&	70	F	102	f
7	BEL	39	,	71	G	103	g
8	BS	40	(	72	H	104	h
9	HT	41	)	73	I	105	i
10	LF	42	*	74	J	106	j
11	VT	43	+	75	K	107	k
12	FF	44	,	76	L	108	l
13	CR	45	-	77	M	109	m
14	SO	46	.	78	N	110	n
15	SI	47	/	79	O	111	o
16	DLE	48	0	80	P	112	p
17	DCI	49	1	81	Q	113	q
18	DC2	50	2	82	R	114	r
19	DC3	51	3	83	X	115	s
20	DC4	52	4	84	T	116	t
21	NAK	53	5	85	U	117	u
22	SYN	54	6	86	V	118	v
23	TB	55	7	87	W	119	w
24	CAN	56	8	88	X	120	x
25	EM	57	9	89	Y	121	y
26	SUB	58	:	90	Z	122	z
27	ESC	59	;	91	[	123	{
28	FS	60	<	92	\	124	|
29	GS	61	=	93	]	125	}
30	RS	62	>	94	^	126	~
31	US	63	?	95	—	127	DEL

附录4 库 函 数

标准 C 提供了数百个库函数，本附录仅列举一些常用的基本函数。如有需要，请查阅有关手册。

1. 数学函数

调用数学函数时，要求在原文件中包含命令行：#include <math.h>

函数名	函数原型说明	功 能	返回值	说 明
abs	int abs(int x);	求整数 x 的绝对值	计算结果	
acos	double acos(double x);	计算 $\cos^{-1}(x)$ 的值	计算结果	x 为 $-1\sim1$
asin	double asin(double x);	计算 $\sin^{-1}(x)$ 的值	计算结果	x 为 $-1\sim1$
atan	double atan(double x);	计算 $\tan^{-1}(x)$ 的值	计算结果	
atan2	double atan2(double x, double y);	计算 $\tan^{-1}(x/y)$ 的值	计算结果	
cos	double cos(double x);	计算 $\cos(x)$ 的值	计算结果	
exp	double exp(double x);	计算 e^x 的值	计算结果	
fabs	double fabs (double x);	求 x 的绝对值	计算结果	
floor	double floor(double x);	求不大于 x 的双精度最大整数		
fmod	double fmod(double x, double y);	求 x/y 整除后的双精度余数		
log	double log(double x);	求 $\ln x$	计算结果	x>0
log10	double log10(double x);	求 $\log_{10}x$	计算结果	x>0
pow	double pow(double x,double y);	计算 x^y 的值		
sin	double sin(double x);	计算 $\sin(x)$ 的值	计算结果	x 的单位为弧度
sqrt	double sqrt(double x)	计算 $\sqrt{x}$ 的值	计算结果	$x\geq 0$
tan	double tan(double x)	计算 $\tan(x)$ 的值	计算结果	

2. 字符函数和字符串函数

调用字符函数时，要求在原文件中包含命令行：#include <ctype.h>。

函数名	函数原型说明	功 能	返回值
isalnum	int isalnum(int ch);	检查 ch 是否为字母或数字	是，返回1；否，返回0
isalpha	int isalpa(int ch);	检查 ch 是否为字母	是，返回1；否，返回0
iscntrl	int iscntrl(int ch);	检查 ch 是否为控制字符	是，返回1；否，返回0
isdigit	int isdigit(int ch);	检查为 ch 是否为数字	是，返回1；否，返回0

续表

函数名	函数原型说明	功　　能	返回值
isgraph	int isgraph(int ch);	检查 ch 是否为 ASCII 码值在 ox21 到 ox7e 的可打印字符（即不包含空格字符）	是，返回 1；否，返回 0
islower	int islower(int ch);	检查 ch 是否为小写字母	是，返回 1；否，返回 0
isprint	int isprint(int ch);	检查 ch 是否为包括空格在内的可打印字符	是，返回 1；否，返回 0
ispunct	int ispunct(int ch);	检查 ch 是否为除了空格、字母、数字之外的可打印字符	是，返回 1；否，返回 0
isspace	int isspace(int ch);	检查 ch 是否为空格、制表或换行符	是，返回 1；否，返回 0
isupper	int isupper(int ch);	检查 ch 是否为大写字母	是，返回 1；否，返回 0
isxdigit	int isxdigit(int ch);	检查 ch 是否为 16 进制数字	是，返回 1；否，返回 0

调用字符串函数时，要求在原文件中包含命令行：#include <string.h>。

函数名	函数原型说明	功　　能	返回值
strcat	char *strcat(char *s1, char *s2);	把字符串 s2 接到 s1 后面	s1 所指地址
strchr	char *strchr(char *s, int ch);	在 s 所指字符串中，找出第一次出现字符 ch 的位置	返回找到的字符地址，找不到返回 NULL
strcmp	int strcmp(char *s1, char *s2);	对 s1 和 s2 所指字符串进行比较	s1<s2，返回负数 s1==s2，返回 0 s1>s2，返回正数
strcpy	char *strcpy(char *s1, char *s2);	把 s2 指向的字符串复制到 s1 指向的空间	s1 所指地址
strlen	unsigned strlen(char *s);	求字符串 s 的长度	返回串中字符（不计算最后的'\0'）个数
strstr	char *strstr(char *s1, char *s2);	在 s1 所指字符串中，找出字符串 s2 第一次出现的位置	返回找到字符串的地址，找不到返回 NULL
tolower	int tolower(int ch);	把 ch 中的字母转换成小写字母	返回对应的小写字母
toupper	int toupper(int ch);	把 ch 中的字母转换成大写字母	返回对应的大写字母

3. 输入/输出函数

调用输入/输出函数时，要求在原文件中包含命令行：#include <stdio.h>。

函数名	函数原型说明	功　　能	返回值
clearerr	void *clearerr(FILE *fp);	清除与文件指针 fp 有关的所有错误信息	无
fclose	int fclose(FILE *fp);	关闭 fp 所指的文件，释放文件缓冲区	出错返回非 0，否则返回 0
feof	int feof(FILE *fp);	检查文件是否结束	遇文件结束返回非 0,否则返回 0
fgets	char *fgets(char *buf, int n, FILE *fp);	从 fp 所指的文件中读取一个长度为 n-1 的字符串，将其存入 buf 所指存储区	返回 buf 所指地址，若遇文件结束或出错返回 NULL
fopen	FILE *fopen(char *filename, char *mode);	以 mode 的方式打开名为 filename 的文件	成功，返回文件起始地址，否则返回 NULL

续表

函数名	函数原型说明	功 能	返回值
fprintf	int fprintf (FILE *fp, char *format, args, …);	把 args,…的值以 format 指定的格式输出到 fp 所指的文件中	实际输出的字符数
fputc	int fputc (char ch, FILE *fp);	把 ch 所指字符输出到 fp 所指文件	成功返回该字符,否则返回 EOF
fputs	int fputc (char *str, FILE *fp);	把 str 所指字符串输出到 fp 所指文件	成功返回非负整数,否则返回 -1(EOF)
fread	int fread (char *pt, unsigned size, unsigned n, FILE *fp);	从 fp 所指文件中读取长度为 size 的 n 个数据项存到 pt 所指文件中	读取的数据项个数
fscanf	int fprintf(FILE *fp, char *format, args, …);	从 fp 所指定的文件中按 format 指定的格式把输入数据存入到 args,…所指的内存中	已输入的数据个数,遇文件结束或出错返回 0
fseed	int fseek (FILE *fp, long offer, int base);	移动 fp 所指文件的位置指针	成功返回当前位置,否则返回非 0
ftell	long ftell(FILE *fp);	求出 fp 所指文件当前的读/写位置	读写位置,出错返回 -1L
fwrite	int fwrite(char *pt, unsigned size, unsigned n, FILE *fp);	把 pt 所指向的 n*size 个字节输出到 fp 所指文件中	输出的数据项个数
getc	int getc(FILE *fp);	从 fp 所指文件中读取一个字符	返回所读字符,若出错或文件结束返回 EOF
getchar	int getchar(void);	从标准输入设备读取下一个字符	返回所读字符,若出错或文件结束返回 -1
gets	char *gets(char *s);	从标准设备读取一行字符串放入 s 所指存储区,用'\0'替换行字符	返回 s,出错返回 NULL
printf	int printf(char *format, args,…);	把 args,…的值以 format 指定的格式输出到标准输出设备	输出字符的个数
putc	int putc(int ch, FILE *fp);	同 fputc	同 fputc
putchar	int putchar(char ch);	把 ch 输出到标准输出设备	返回输出的字符,若出错,返回 EOF
puts	int puts(char *str);	把 str 所指字符串输出到标准设备,将'\0'转换成回车换行符	返回换行符,若出错,返回 EOF
rename	int rename(char *oldnamem, char *newname);	把 oldname 所指文件名改为 newname 所指文件名	成功返回 0,出错返回 -1
rewind	void rewind(FILE *fp);	将文件位置指针置于文件开头	无
scanf	int scanf(char *format, args, …)	从标准输入设备按 format 指定的格式把输入数据存入到 args,…所指的内存中	已输入的数据个数,出错返回 0

4. 动态分配函数和随机函数

调用输入/输出函数时,要求在原文件中包含命令行:#include <stdlib.h>。

函数名	函数原型说明	功 能	返回值
calloc	void *calloc(unsigned n, unsigned size);	分配 n 个数据项的内存空间,每个数据项的大小为 size 个字节	分配内存单元的起止地址;如果不成功返回 0

续表

函数名	函数原型说明	功　能	返回值
free	void free(void *p);	释放 p 所指的内存区	无
malloc	void *malloc(unsigned size);	分配 size 个字节的存储空间	分配内存空间的地址；如果不成功返回 0
realloc	void *realloc(void *p, unsigned size);	把 p 所指内存区的大小改为 size 个字节	新分配内存空间的地址，如果不成功返回 0
rand	int rand(void);	产生 0～32 767 的随机整数	返回一个随机整数
exit	void exit(0);	文件打开失败，返回运行环境	无